Architektur
im Zusammenhang

Herausgegeben
von Rudolf Schilling

Dieter Bachmann
Gerardo Zanetti

Architektur des Aufbegehrens

Bauen im Tessin

Birkhäuser Verlag
Basel · Boston · Stuttgart

Cip-Kurztitelaufnahme der Deutschen Bibliothek

Bachmann, Dieter:
Architektur des Aufbegehrens : Bauen im Tessin /
Dieter Bachmann ; Gerardo Zanetti. – Basel ; Boston ;
Stuttgart : Birkhäuser, 1985.
  (Architektur im Zusammenhang)
  ISBN 3-7643-1731-0

NE: Zanetti, Gerardo:

© 1985 Birkhäuser Verlag Basel
Gestaltung: Bruckmann & Partner
Printed in Germany
ISBN 3-7643-1731-0

Inhaltsverzeichnis

Vorwort

Dieses Buch wurde von Journalisten geschrieben, und nicht einmal von Architekturjournalisten. Damit ist schon gesagt, daß es kein Fachbuch im strengen Sinn der Zunft sein kann. Aber will es das? Die Idee war, Architektur im Umfeld der Leute, die sie konzipieren und benutzen, und im Umfeld des Landes, in dem sie steht, zu beschreiben. Die Autoren haben sich auf ihre Weise an das Thema, respektive an dessen Repräsentanten, die Architekten vor allem, herangearbeitet; und sie hatten dabei keinen anderen wesentlichen Vorsprung auf den »Laien« – der immerhin immer und notgedrungen ein Architekturkonsument ist –, als den, am Ort zu wohnen. Sie haben die Szene täglich vor Augen.

Als der Verlag und der Herausgeber an die Autoren herantraten, schlugen diese einen Titel und eine Arbeitshypothese vor: »Architektur der Verzweiflung« sollte das künftige Buch heißen, und die These war die, die erstaunliche Blüte der neuen tessiner Architektur schöpfe ihren provokativen Gestus aus dem Zorn – und auch aus der Trauer: Zorn und Trauer darüber nämlich, wie das Land Tessin in den vergangenen Jahrzehnten durch ungenierte architektonische Freibeuterei verhudelt und verschandelt worden war. Dabei gehörte zu dieser These, daß es sich bei dieser Architektur »irgendwie« auch um eine Folge des '68er-Impetus handeln müsse, also daß die auffallende Ästhetik (die manchmal auch Züge einer Opposition gegen »Ästhetik« hat) auch oder

unter anderem eine politische Motivation habe.

Die These blieb für einen Teil der jüngeren Architekten mehr oder minder haltbar. Sie wird im Verlauf des Buchs wiederholt diskutiert. Den ursprünglichen Titel mußten die Autoren über Bord werfen: Es wäre zu riskant gewesen, die »politischen Architekten« als reine Verzweiflungstäter einzustufen; und für die Jungen und ganz Jungen, bei denen schon ein hellenistisches Lüftchen weht, ist Verzweiflung doch wohl kein vordringliches Lebensgefühl mehr. Vom »Aufruhr« bleibt bei ihnen immerhin der ästhetische Gestus.

Protest, Provokation, Opposition sind Wesenszüge der planerischen Arbeit in diesem Land, Züge, aber gewiß nicht der ganze Charakter. Vieles andere kommt hier dazu, damit am Ende eine eigene Sprache hörbar wird: das ausdrückliche Gefühl für die lokale Tradition und für das Handwerkliche am Bauen; eine Konjunktur, die bis in die achtziger Jahre anhielt und die, wenn auch gedämpft, weitergeht; eine lateinische Art, auf dem Boden zu stehen (das Gegenteil nordischer Duckmäuserei); Offenheit, oft auch geradezu Umarmungsbereitschaft für alles, was im Fachgebiet sich im Süden, im Norden und im Westen ereignet. Schließlich etwas, das man früher als »Kairos« bezeichnet hätte: das Zusammentreffen günstiger Bedingungen in einem bestimmten historischen Moment.

Die Autoren haben sich von der Wirklichkeit beeindrucken lassen, was sie als einen anständigen Charakterzug ansehen. Sie hatten einen Plan, und machten einen zweiten Plan, zum Beispiel den, mithilfe eines Fragebogens so etwas wie die Totalität des neuen Bauens einzufangen. Die Idee war, wie sich zeigte, naiv; trotzdem verdanken sie jenen, die sich die Mühe der Beantwortung unterzogen, eine Menge Hinweise. Als der zweite nicht ging, machten sie einen dritten Plan, aus dem folgte das Buch. Andere Pläne wären, wie stets, denkbar gewesen.

Also auch andere Bücher. In einem andern hätten die Gespräche Platz finden müssen, die die Autoren mit Architekten und Fachleuten führten, die nicht in diesem Buch auftreten, etwa jenes Gespräch mit einem Doyen dieser Architektur, Alberto Camenzind, und seinen Partnern Brocchi und Sennhauser, oder das andere mit Dolf Schnebli, dem Erfahrenen GoBetween zwischen Zürcher Hochschule und tessiner Szene. In einem andern Buch müßte es ein Kapitel über Aurelio Galfetti und ein anderes über Livio Vacchini geben, um nur diese beiden zu nennen, es fehlen andere: Mario Campi, Ivano Gianola, Jüngere wie Franco und Paolo Moro. Wir wissen es. Aber für dieses Buch war eine Auswahl zu treffen, und diese war nicht so schwierig, wollte man von einem Doyen (Rino Tami) über »Gründerfiguren« wie Carloni und Snozzi, dann den im internationalen Bereich bekanntesten, Botta, nicht auslassend zu Jüngeren und Jüngsten (wie Bassi, Galimberti & Gherra) kommen ... muß man sich rechtfertigen? »Architektur des Aufbegehrens« ist keine Anthologie und keine Festschrift, sondern der Versuch, eine Entwicklung an ausgewählten Einzelfällen aufzuzeigen.

Die Autoren benutzten bei der Arbeit ihre eingefuchsten Methoden: persönliches Gespräch, Erkundigung, Dokumentation, Fachliteratur, Rückfrage. Was sie geschrieben haben, sind mehr Reportagen als Analysen im fachspezifischen Sinn. Wofür sie sich nicht einmal entschuldigen wollen. Was sie an Zunftlatein im Lauf ihres zweiten Bildungswegs zum Architekturjournalisten-ad-interim alles gelesen haben, war beileibe nicht immer ermutigend, in jener Sprache weiterzuschreiben; um es höflich auszudrücken.

Das Buch, und das war von Anfang an eines seiner Ziele, sollte sich nicht nur an das Fachpublikum der Architekten, sondern darüber hinaus – und vielleicht sogar vor allem – an die interessierte Laienwelt richten. Dieser widmen sie dieses Architekten-Buch, das weniger ist als ein Architektenbuch, und das mehr sein soll als ein Buch über Häuser.

Axionometrie eines Einfamilionhauses der Architekten Bassi, Galimberti und Gherra

Die Großwetterlage

**Autobahn bei Bissone,
Luganersee**

Architektur aus Verzweiflung?

Ein Essay

Autobahnbrücke in der Leventina

1

Frühsommer 1985. Ein neues Teilstück der sogenannten N2, der Nord-Süd-Autobahn zwischen Basel und Chiasso wird eröffnet. Aber die Feierlichkeiten halten sich in Grenzen. Es ist auffallend, wie wenig über diese Eröffnung berichtet wird; nichts mehr von jenem Enthusiasmus, mit dem man noch wenige Jahre früher jeden fertigen Autobahnkilometer begrüßte. Man baut, wie vor sagenumwitterten Jahrhunderten in der Schöllenen, eine Nord-Süd-Brücke zu Ende, die sich als Teufelswerk entpuppt.

Wenige Tage später bricht der Verkehr auf dem kurzen noch verbleibenden autobahnlosen Stück Straße zusammen. Er kommt aber auch vor dem zweispurigen Tunnel durch den Gotthard zum Stehen, schon jetzt, Ende Mai, und es ist zu ahnen, was da im Sommer wieder los sein wird.

Dieser Verkehr wird auch dann noch und immer wieder zusammenbrechen, wenn die Autobahnverbindung zwischen Hamburg und Messina komplett ist. Die Autobahn hat das Verkehrsaufkommen, zu dessen Bewältigung sie geschaffen wurde, vervielfacht. Ein einfacher aber höchst folgenreicher Denkfehler der fünfziger und sechziger Jahre – in den achtziger Jahren die Katastrophe in sommertäglichen Raten.

Von dem, was sich im Wald ereignet, der längs der Alpendurchquerung wuchs und der zur Verhinderung von Lawinen lebenswichtig war, mag man schon nicht mehr sprechen.

Benzindepot bei Grancia

Aber zu reden ist hier von einem Nebeneffekt des neuen Alpenkanals, den man Jahr für Jahr ein Stück größer gemacht hat: er hat nicht nur den Wald, er hat auch das Tessin zur Unkenntlichkeit verändert.

Schon auf der Fahrt durch die industriell und im tertiären Sektor noch immer unterentwickelte Leventina erkennt man, wie hier ein Tal, mithin eine Landschaft, in eine Straßen-, Eisenbahn-, Elektrizitätsleitungsschlucht umfunktioniert worden ist, in eine Technologielandschaft. Eine Landschaft verwandle sich, sagte einst Heidegger, den im Tessin viele im Munde führen, erst durch den menschlichen Eingriff in einen Ort; das war im Schwarzwald gedacht.

Weiter unten, vor Bellinzona, bauen Mövenpick und Shell eine Autobahnraststätte im internationalen Flughafenstil. Die Burgen von Bellinzona, einst Wahrzeichen einer einschneidenden landschaftlichen und kulturellen Grenze, sind großräumig umbaut von Geschäftshäusern und Einheitswohnblocks, das Gebiet zwischen Bellinzona und Giubiasco ist mit vielgeschossigen Flachbetondachobjekten zugewachsen. Wo ist das Tessin?

Überall weiter südlich herrscht die mitteleuropäische Erbarmungslosigkeit in Beton und Glas. Am Hang zwischen Carasso und Locarno, zwanzig Kilometer weit, wo noch vor wenigen Jahren Wein und Wald war, eine Wucherung von Einfamilienhäusern, die, je näher man zum Lago Mag-

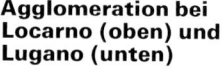

Agglomeration bei Locarno (oben) und Lugano (unten)

giore kommt, zunehmend nur während eines kleinen Teils des Jahres bewohnt sind. Es sind aber keineswegs nur die Deutschschweizer, die dieses Land zersiedeln; in den Jahren des Booms, als es überall viel Geld zu verdienen gab, sind auch viele Tessiner aus ihren Dorfzentren aus- und ins sogenannte Grüne umgezogen, in den uniformen, gesichts- und bedeutungslosen Bungalow.

Eine Landschaft für Gartenzwerge. Die Größenrelation von Zwerg und Einfamilienhaus entlarve, sagt Architekt Mario Botta, was der Zwerg für eine Funktion hat: hinter ihm erscheint das Eigenheimchen dann als Palast.

Die traditionelle Architektur des Tessins, das schmale, in der Regel dreigeschossige Wohnhaus, wurde aufgegeben. Selbst jene lombardisch geprägt kubischen zweigeschossigen Häuser mit dem niedrigen Giebeldach, axialsymmetrisch und von einem milden Proportionskanon des 19. Jahrhunderts diktiert, wirken schon wie Zeugen entschwundener Zeiten. Jetzt kam das Fertighaus, oft auf aufgeschütteten Terraininselchen angelegt, das Haus des beliebigen Grundrisses, der Bungalow, das Häuschen-das-man-sich-leisten-kann-wenn-man-ein-Grundstück-verkauft-und-den-Erlös-unter-ein-paar-Geschwister-aufteilen-muß; o je.

Über Locarno erhebt sich eine neue Stadt aus Terrassenhäusern, einem anderen Haustyp, der, außer in die amerikanische Wüste, nirgendwo hingehört, und sicher nicht in eine Landschaft, in der das kleine freistehende Haus, Wohnhaus, Roccolo (Vogelfängerhaus) oder Rebhaus die terrassierte Landschaft nicht imitierte, sondern akzentuierte. Von Ascona bis Brissago das steile Gelände am See wohlstandsverbunkert, pseudotessinisch, pseudotoskanisch, pseudolombardisch. Selbst das Hotel auf dem Monte Verità, einst ein schönes Zeugnis für das Neue Bauen der zwanziger Jahre, ist umgebaut, verschliffen.

In den Tälern (Maggia, Verzasca, Onsernone, Centovalli) die umgebauten Rustici, schon lange nicht mehr un-, sondern ferienbenutzt. Der Monte Ceneri duckt sich unter dem weiterhin leuchtenden Band der Autobahn. Dann wieder Industrie. Lugano, von Bankpalästen jeder Machart und Stils, neuerdings sogar dem neuen Stil. Blocks, die hier »Résidence« heißen. In den von Lugano abgehenden Tälern riesige Ansammlungen von Benzinkesseln. Längs der Autobahn verlassene, verfallende, nur noch vom Verkehrslärm durchtoste Bauernhäuser. Die Ruinen einer untergegangenen Welt.

Auf den Hügeln Villen. Unten der Luganersee, der am Umkippen ist, eine Kloake mit langjährigem Badeverbot. Im Mendrisiotto, dem südlichsten Teil des Kantons (den man topographisch ein Land heißen müßte) eine große Industriezone, die sich über Chiasso, Ponte Chiasso und Como nahtlos mit dem zweitgrößten Industriegebiet Europas, dem oberitalienischen Industriegürtel verbindet.

Eine Hölle?

Nein. Ein verwundetes Land, ein verstümmeltes, dem man an einem stillen Wintertag noch den Zauber anmerkt, der einst von ihm ausging. Am schönsten von den vielen, die ihn zu beschreiben suchten, hat Jean Paul im »Titan« ihn erfaßt: »Welch eine Welt! Die Alpen standen wie verbrüderte Riesen der Vorwelt fern in der Vergangenheit verbunden zusammen und hielten hoch der Sonne die glänzenden Schilde der Eisberge entgegen – die Riesen trugen blaue Gürtel aus Wäldern – und zu ihren Füßen lagen

Verbunkerung (oben), Pseudotessinerstil (unten)

Hügel und Weinberge – und zwischen den Gewölben aus Reben spielten die Morgenwinde mit Kaskaden wie mit wassertaftnen Bändern – und an den Bändern hing der überfüllte Wasserspiegel des Sees von den Bergen nieder, und sie flatterten in den Spiegel, und ein Laubwerk aus Kastanienwäldern faßte ihn ein.«

Ein Heutiger muß zu andern Vokabeln greifen. Der Historiker Virgilio Gilardoni, ein Mann, dem gewiß keine Heimattümelei zu unterstellen ist: »In wenigen Jahren füllte sich das Tessin mit Banken und Finanzinstituten, die nicht weniger potent sind als die berühmten Geldpaläste von Zürich und Basel. Und wie um eine dicke Henne herum begannen im Handumdrehen dreizehntausend Società anonime, Aktiengesellschaften jeden Typs auszuschlüpfen und sich zu mausern – *eine* für jeden achten Bürger oder erwachsenen Niedergelassenen. Ein wahrhaft unglaublicher Hühnerstall voller Hennen, die goldene Eier legen. Sie picken alles: Petrodollars und Lire, Franken und Deutsche Mark, Geld aus Enteignungen und Raub ebenso wie große Kunstwerke, Gold, Silber und Fayencen, um ihre unterirdischen Eingeweide, ihre gepanzerten Verliese zu füllen. Dann und wann gibt es auch einen Toten; dann macht das stumme Schmuggelgut für ein oder zwei Tage Schlagzeilen auf den Titeln der Weltblätter. Einige unabhängige Wirtschaftsexperten verfolgen die schnellen und leichten Gewinne dieser Gesellschaften jedoch mit Besorgnis: Bringen sie doch dem Lande in zügellosem Zugriff auf alles Bauland einen täglichen Zustrom von Zement, der ganze Landschaftszonen zerstört, die noch vor zwanzig Jahren unberührt waren.«

Die heutige Situation im Tessin ist geprägt von scharfen Gegensätzen. Arbeitslosigkeit, Beschäftigungsprogramme, Leben auf dem Existenzminimum – und auch darunter – in gewissen Tälern, Jeunesse dorée, Ferraris und volle Nouvelle-Cuisine-Restaurants an den Seen. Ein Gegensatz, den man sich nicht besser vor Augen führen könnte als im Vergleich jenes cisalpinen Rustico-Typs aus rohen Granitquadern, dicken Mauern, steil in die Höhe gebaut vor Jahrhunderten in gemeinsamer Arbeit der Dorfbewohner – so sind nämlich die Taldörfer wie La-

**Gebirgsdorf
Indemini**

**Typische Villa vom
Jahrhundertanfang**

vertezzo, Cevio, Sonogno entstanden! –, mit dem weiß blitzenden Marmortempel an der luganeser Via Balestra, den Architekt Giampiero Camponovo für eine Bank kürzlich fertiggestellt hat. Der Architekt 1985 in der Rivista Tecnica über seinen Bau ganz unverblümt: »Ein ausgeprägter Charakter, von deutlichem Wert, Wahl nobler Materialien. Es hatte sich die Meinung durchgesetzt, der Tendenz auf ›arme‹ Baumaterialien in der äußeren Erscheinung entgegenzusteuern, um mit Bestimmtheit die materiellen Valeurs herauszustellen, die schon für sich allein die institutionelle Charakteristik des Gebäudes bestimmen.« Zu deutsch: die Bank will zeigen, was sie wert ist. Der schneeweiße Bau an der Via Balestra ist nur einer von vielen Bankbauten im Kanton, an denen sich progressivere Architekten versuchen durften – und die auf diese Weise ihrerseits versucht wurden von dem, was einst der politische Gegner war.

Es ist die Nebenbemerkung wert: die neue tessiner Architektur hat immer wieder für Banken gearbeitet: Botta in Lugano mehrfach und in Freiburg, Durisch in Lugano, Huber/Pellegrini in Bellinzona und selbst der programmatisch-linke Snozzi baute einen – freilich bescheidenen – Betonwürfel für Raiffeisen in Monte Carasso. »Die meisten von uns«, sagt Tita Carloni, einer der Politischsten von damals, als alles begann, »die meisten von uns haben heute keine Probleme mehr mit der Macht.« Dieser Satz wäre so wenig zynisch zu verstehen wie resigniert. Er ist »realistisch«. . .

Jedes negative kulturell-gesellschaftliche Phänomen muß sich zuerst zu einer gewissen Prallheit aufblähen, bis es bemerkt und bekämpft werden kann. In den sechziger Jahren gab es noch keine »neue tessiner Architektur«, auch wenn Dolf Schnebli seine

vorbildliche Schule in Locarno schon gebaut hatte, Aurelio Galfetti das corbusianische Einfamilienhaus über Bellinzona (1961), Tita Carloni ein Einfamilienhaus in Rovio (1957), »ein architektonischer Tausendfüßler auf dem Weg über eine Hügelkuppe«. In den sechziger Jahren war »gute Architektur« im Tessin weiterhin der seltene Vogel, wenn auch gegen Ende des Jahrzehnts sich auf den verschiedensten Ebenen die Anzeichen mehrten, daß, nach eingetretener Sättigung (des Konsums, des Marktes, der Bautätigkeit, des schlechten Neuen) ein Umschwung eintrat:

In der Folge der 68er-Bewegung bildete sich nun aus dem ehemaligen MOP (Movimento di Opposizione Politica) und dem sich abspaltenden linken Flügel der Sozialdemokraten das Partito Socialista Autonomo (PSA) heraus, dem einige der prominenten neuen Architekten (Carloni, Snozzi) Pate standen – politisches Engagement, aus dem sich ein Teil des Selbstbewußtseins der neuen Architektur herleitet. Ohne einerseits gleich eine »Gruppe« zu bilden, ohne andererseits gleich das Reißbrett mit dem Spruchband zu vertauschen (wie in Paris, wie in Zürich, wie in Venedig . . .), hat die blitzartige Erhellung der politischen Landschaft in Cantone e Repubblica Ticino eine Rückbesinnung auf die tessiner Identität und deren Autonomie erleichtert.

Am Ende der sechziger Jahre begann im Tessin auch der Bevölkerung, auf breiterer Basis, das Problem der

Klassischer Haustyp im Mendrisiotto

Arkaden in Bissone

deutschen »Überfremdung« bewußt zu werden. Viel von dem Terrain in den besten Lagen war bereits deutsch besetzt (und am Ende einer historischen Entwicklung, die mit Macht in den dreißiger Jahren begann und heute noch nicht beendet ist, wird man sich im Tessin in einer ständigen Zweisprachigkeit und kulturellen Doppelidentität einrichten müssen, wofür es in der Schweiz Vorbilder gibt: Biel, Graubünden, Fribourg). Die Tessiner beginnen zögernd, ihren Bestand zu sichern; der Trend, daß die verlassenen Alpsitze im Sommer wieder besiedelt werden, setzt ein.

International gesehen ist die Architekturszene in Bewegung; aus USA kommen die Verkündigungen der Postmoderne (Robert Venturi und John Rauch), der Glaube an den brutalen Funktionalismus im Gefolge Mies van der Rohes (Betonskelettbau mit Vorhangfassade) kommt ins Wanken. In Ahmedabad (Indien) baut der Einzelgänger Louis Kahn sein Verwaltungsinstitut (1963), in Italien machen Aldo Rossi (»L'architettura della città«) und Giorgio Grassi (Wohnanlage San Rocco in Monza, Projekt 1966) von sich reden. Die »Tendenza« kündet sich an, während das Erbe von Le Corbusier noch immer, teils kritisch, teils bewundernd diskutiert wird.

In diesem Klima werden die Besten unter den jungen tessiner Architekten in Zürich, Lausanne, Venedig, Milano ausgebildet: »Das Fehlen einer eigenen Architekturschule von Rang zwingt die Begabten – und nur solche nehmen die Unannehmlichkeit eines Aufenthalts in der Fremde auf sich – wegzugehen, um sich ausbilden zu lassen. Vornehmlich Zürich, aber auch Italien vermitteln Eindrücke, die in aufnahmebereiten Leuten Spuren hinterlassen. Unerfahren, aber mit Wissen und Ideen ausgerüstet, kommen die

jungen Architekten zurück in ihren Kanton, wo jeder jeden kennt und wo der Auftrag zum Bau des eigenen Hauses nicht vom Bekanntheitsgrad des Ausgewählten, sondern vom Gespräch am letzten Bocciaabend abhängt.« (Heinz Horat)

Die jungen Architekten sind sofort in der Lage, historisch und politisch zu analysieren, was in ihrem Land geschehen ist – geschehen oft in den wenigen Jahren, während sie zur Ausbildung abwesend waren; vermutlich ist die Erkenntnis über den Zustand der Heimat ebenso schockartig wie dann ihre Reaktion darauf.

Regional gesehen beginnt nun, nach dem Bauboom der fünfziger und sechziger Jahre, eine Zeit der Konsolidierung, bald auch schon der Rezession; der Staat Tessin andererseits lanciert sein großes Schulbauprogramm und schafft damit eine der wenigen Möglichkeiten für die nun entstandenen Architekturstudios, sich an großen Objekten zu versuchen. Der Mehrfamilienhausbau ist ja im Tessin, wo man traditionellerweise im Familienbesitz wohnt, bis heute nie von großer Bedeutung gewesen.

Alberto Camenzind, Chefarchitekt der schweizerischen Landesausstellung EXPO 64 in Lausanne, ein moderater Moderner, Professor an der ETH Zürich, mit Rino Tami zusammen der Doyen der tessiner Architektur in der zweiten Jahrhunderthälfte, sieht denn auch in einem Projekt der öffentlichen Hand den eigentlichen Beginn dessen, was dann als »neue tessiner Architektur« weltweit zu Gerücht und Ansehen kommt: In Galfetti/Ruchat/Trümpys Bagno pubblico in Bellinzona (1967–70). In dem im Ganzen und in jedem Detail ablesbaren Nachdenken über Funktion, Ort, lokalen Zusammenhang sticht das Gartenbad weithin sichtbar von den Dutzend-

Das »Bagno pubblico« in
Bellinzona von Aurelio
Galfetti (Mitarbeit Flora
Ruchat und Ivo Trümpy)

bauten jener Zeit – und nicht nur im Tessin! – ab; heute, wo es über einen ansehnlichen Baumbestand verfügt und auch schon über eine gewisse Patina, wird sein Rang möglicherweise erst recht deutlich. Es ist eine Abschweifung wert.

Auf Ernesto Rogers geht das spezifische Bewußtsein für städtische Strukturen zurück, das sich hier in Bellinzona ausdrückt. Aber die Theorie der »Città analoga«, wie Rossi sie im Gefolge von Rogers definierte (oder besser: umschrieb, andeutete), ist nur eine Inspiration dieser Anlage. Eine andere ist die autonome Phantasie.

Das Gartenbad verbindet die Stadt über eine weite Grünfläche mit dem Fluß Tessin, der bis dahin, wie unbeachtet, die Stadt umfloß (wie die zum Ticino parallele Autobahn die Stadt »umfließt«) – aber es verbindet erst durch die geniale architektonische Klammer, die sich das Team ausgedacht hat, in dem Aurelio Galfetti der Kopf gewesen zu sein scheint: die auf Stelzen verlaufende Passerelle zwischen Stadtrand und Fluß, die das gesamte ansehnlich große Gelände des Gartenbades überquert und bindet – oben genutzt als Zugang zum Bad wie auch als Spazierweg zum Fluß, unter dem Gangway dann die Garderobenanlagen, Duschen, Verwaltung.

Der Platz mit den großen, zum Teil schwungvoll gestalteten Becken, fernem Nachklang des Nierentischs, als Gewässergestaltung auf seine organische Herkunft zurückgeführt, breitet sich so ohne Belastung durch Gebäude aus; auf dem »Steg« mischt sich das Badpublikum mit Spaziergängern. Die Passerelle ist kinderwagengängig angelegt ... Die Landschaft, samt einem kleinen Rustico in der Eingangszone, das in dieser Umgebung wie ein Zitat wirkt, ist auf diese Weise zugleich verändert wor-

den und erhalten geblieben, sie hat nun einen Zweck (war vorher eher »Niemandsland«) und bleibt gleichzeitig aus der baulichen Körperhaftigkeit der Stadt klar ausgespart.

Wer sich über den »Steg« gegen das Bad bewegt, sieht als Hintergrund das hoch aufsteigende, grün bewaldete Gebirge, in der andern Richtung jedoch – und erstaunlich nah in der Talenge – die Burgen von Bellinzona mit der sie verbindenden zinnenbekrönten Bruchsteinmauer. Die Burgen, der Verlauf der großen Mauer dazwischen, sind der entscheidende topografisch-urbane Akzent der Stadt – das Gartenbad wiederholt, wie schon das benachbarte Ginnasio cantonale von Camenzind/Brocchi (1958), mit seinem »Steg«, der auf drei Fixpunkten aufzuruhen scheint (Aufgang stadtwärts, Zentralzone, Abgangsanlage zum Fluß) auf der andern Seite der Stadt die sich den Hügel hinaufschwingende Burganlage ... die ihrerseits Gegenstand verschiedener Restaurierungs- und Museumsprojekte geworden ist: von Carloni, Reichlin + Reinhart, Campi + Piazzoli. Wenn es ein Schulbeispiel braucht dafür, was »città analoga« bedeutet: hier ist es. Im übrigen nimmt die Passerelle mit ihren links und rechts verschieden hoch ausgeführten Betongeländern das Thema der Zinnenmauer ausdrücklich wieder auf.

Sofern die »Postmoderne« eine Architektur der »narrativen Inhalte« sein soll (Frank Gehry), im Gegensatz zur »stummen«, funktionalistisch rationalen Zweckarchitektur in der Nachfolge des Bauhauses, dann zeigt das Gartenbad von Bellinzona auf schöne Weise, wie eine architektonische Anlage zugleich funktionell, sparsam und »narrativ« sein kann; dies ist, über die reine Zweckdienlichkeit hinaus, ein »erdichteter Ort« (Heinrich

Klotz) und steht mit seinen Qualitäten so für die besten Tendenzen der neuen tessiner Architektur.

Das Bagno pubblico von Bellinzona ist, historisch gesehen, ein Vorläufer und kann wegen seiner besonderen architektonischen Problemstellung nicht als Beispiel für den Hochbau im allgemeinen genommen werden. Jedoch nimmt es in der
– Sparsamkeit der Mittel, der
– Klarheit, mit der es die ihm inhärente Idee ausspricht, der
– ästhetischen Durchgeformtheit und schließlich der
– städtebaulichen Reflexion, die ihm zugrunde liegt, einiges von dem vorweg, was nach ihm in der tessiner Baukunst Thema sein wird.

2

Es gibt in diesem Jahrhundert kein anderes Phänomen der tessiner Kultur, das über die Region hinaus so viel Aufsehen erregt hätte wie diese neue tessiner Architektur. Das Aufsehen, die Aufregung, knüpfen sich vor allem an den Namen Mario Botta. Aber um den Jüngling Botta herum hat man nun auch die Väter entdeckt, von Rino Tami bis Snozzi, Carloni, Vacchini, Galfetti. Und das Aufsehen um diese neue tessiner Architektur – das sich manchmal mit geradezu erstaunlicher Versessenheit an ein so kleines und vereinzeltes Objekt klammert wie Reichlin/Reinharts palladieskes Häuschen in Torricella – hat gewiß viele der mittleren und jüngsten Architekten ermuntert, auf dem langen Weg vom Projekt bis zum Bau kühn zu bleiben.

Bleibt dieses Tessin in den Bereichen der Musik, der bildenden Kunst, der Literatur eher stumm oder, wie im letzten Fall, im weiteren Umkreis unbekannt, so scheint der Lärm um die Architektur alles wett zu machen. Das Land wird mit einem einzelnen kulturellen Phänomen berühmt – was die Wirklichkeit etwa so verzerrt, wie wenn man, spricht man über Spanien, nur von Casals spräche –, obwohl das Phänomen mindestens so viele internationale Züge trägt wie lokale; es gibt ja nicht nur den Boom der tessiner Architektur, sondern davon ganz unabhängig auch den schon Jahre anhaltenden Boom der Architekturzeitschriften, vom Erhabenen bis zum Lächerlichen die ganze Palette . . . Eine

Affresco del XVI° secolo
Chiesa di S. Stefano a Miglieglia
Casa Rotonda a Stabio (1981)
Arch. Mario Botta

Svizzera italiana
Suisse méridionale
Südschweiz
Southern Switzerland

TICINO: TERRA D'ARTISTI

**Plakat des Verkehrs-
vereins mit Botta-Haus
in Stabio**

Folge dieser Publikationsfreudigkeit ist eine Sensibilisierung des Publikums für Architektur, wie man sie in Fachkreisen noch vor kurzem nicht für möglich gehalten hätte.

Es wäre eine Abschweifung wert, der Frage nachzugehen, auf welche Weise die entsprechenden Gazetten in den letzten Jahren vom »schöner Wohnen« zum »interessanter Bauen« übergeschwenkt sind . . .

Item. Im Gefolge des internationalen Aufsehens erlebt das Land Tessin eine neue Form von Tourismus und eine neue Form von Touristen. Autos mit fremden Kennzeichen kurven auf schmalen Wegen, zwischen Weinbergen und neuen Einfamilienhäusern, um den originalen Snozzi, den neusten Palladio zu sehen. Zwanzig Japaner kraxeln im Winter auf allen Vieren einen steilen verschneiten Hang über Lugano empor, landen im Vorgarten und stehen vor der Tür, um einen echten Botta von nahe zu fotografieren. In Torricella wird neuerdings ein Beitrag an die Hausreinigungskosten erhoben. Die Schüler, die in Morbio Inferiore die Schule verlassen, stehen verblüfft, aber immer wieder, vor einer Schar fotografierender Exoten. Die Universität Braunschweig entsendet eine Studiengruppe, die über »Bergdörfer und neue Villen« recherchiert. Das South Californian Institute richtet in Vico Morcote eine Dépendance ein. Und der tessiner Fremdenverkehrsverein schiebt Kohlen nach, indem er ein Plakat druckt und in aller Welt aufhängen läßt, das die barocken Fresken der Kirche von Riva San Vitale mit Bottas Casa Rotonda in Stabio konterkariert.

Die Zeitschrift Rivista Tecnica hat 1983 eine Karte des Kantons veröffentlicht, auf der die neuen Wunder verzeichnet sind – an die hundert Punkte. Zwei Jahre später müßten es wieder einige dicke Kleckse mehr sein.

Eine Ahnung von dem, was in den Gazetten los ist, vermittelt dieses Detail: Mario Botta hat, zur Vorbereitung seiner Werk-Retrospektive im Herbst 1985 an der Biennale von Venedig während Monaten eine Mitarbeiterin beschäftigt, die die Artikel und Publikationen über den Meister gesichtet hat: 1200 Nummern. Botta ist zu diesem Zeitpunkt gerade 42 Jahre alt.

Auf den Herbst des gleichen Jahres werden an die ETH Zürich zwei neue Professoren für Architektur berufen, Flora Ruchat und Mario Campi, beide Tessiner der neuen Generation. Luigi Snozzi geht nach Lausanne, Botta hält Kolloquien, Vorträge im Rhythmus von zwei Stück pro Monat, Gastvorlesungen, Table rondes. Niki Piazzola ist im Frühjahr 85 zum Chef der eidgenössischen Bauten ernannt worden. Zur ETH führen vom Tessin über Schnebli, Reichlin, Reinhart enge Verbindungen. Alberto Camenzind war in Zürich lange Jahre Professor (1965–1981), ebenso Rino Tami (1957–1961). Eine Snozzi-Ausstellung war in Basel zu sehen und geht demnächst nach Paris. Ein Stuhl von Botta ist bereits im Museum of Modern Art gelandet. In Turin plant er im Herzen der Stadt eine Arbeitersiedlung.

Eine Erklärung des Phänomens kann auf verschiedenen Ebenen versucht werden.

Die erste ist die naheliegendste: Es gibt in den Generationen der tessiner Architekten, die heute am Zug sind, eine überdurchschnittliche Zahl überdurchschnittlich Begabter. Camenzind: »Gezwungen, das Land zum Studium zu verlassen, bildet sich schon auf diesem Weg automatisch eine Elite heraus. Im Land selbst ergibt sich eine Art kultureller Rückkoppelungseffekt: die Entfaltung von Talen-

ten und die daraus erwachsende Aufmerksamkeit für Architektur bringt neue Talente hervor.«

Die Entwicklung im Tessin ist auf ihrem ganzen Weg von einer Fachzeitschrift begleitet und animiert worden, die immer wieder über hervorragende Redaktoren und Kommentatoren verfügte, der »Rivista Tecnica. Mensile della Svizzera italiana di achitettura e igegneria«, die 1985 in ihrem 76. Erscheinungsjahr stand (!). Die Sondernummer »50 anni di architettura in Ticino 1930–1980« (1983), inzwischen neu aufgelegt, war lange die einzige Überschau über Entwicklung und hervorragende Leistungen, ein luzid gemachter Katalog des Erreichten. Die Rivista hat inzwischen u.a. eine Sondernummer über die neuen Arbeiten von Mario Botta (Juli/August und November 1984) sowie über Projekte des letzten Jahrzehnts (Januar/Februar 1985) herausgebracht. Sie hat ganz wesentlich zu dem Klima beigetragen, in dem das »tessiner Wunder« erblühen konnte.

Eine dritte, und freilich kritische Erklärung, gibt Virgilio Gilardoni, wenn er erklärt, wie insistent diese »neue Architektur« beim Thema des Einfamilienhauses verharrt habe. Das aber sei kein Fortschritt der Architektur, insofern eine moderne Architektur ein Nachdenken über das Bauen des Mehrfamilienhauses sei. Das Staunen vor den neuen tessiner Kleinkunstwerken sei in Wirklichkeit ein Staunen der Fremden aus den höchstindustrialisierten Ländern, die das individuell gestaltete Einfamilienhaus – das es bei ihnen nicht mehr geben kann – mit nostalgischer Sehnsucht anschauten. Das Ganze erst noch unter mediteraner Sonne: »Das ist der Erfolg von Mario Botta – er hat die Sehnsüchte der intellektuellen Großbourgeoisie ins Mark getroffen.«

**Mario Bottas Einfamilien-
haus bei Riva San Vitale,
Zeichnung des Architekten**

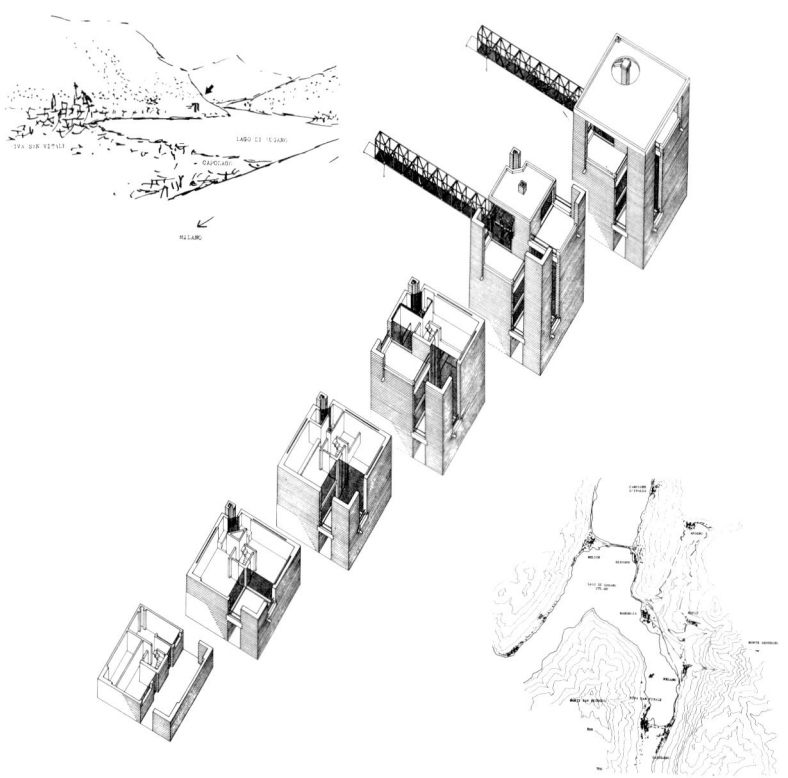

Die neue tessiner Architektur
gebe aber Antworten auf die aktuellen
internationalen Probleme nur insofern, als sie die neue Aristokratie der
Intellektuellen bediene. Das aber sei
keine Revolution, und nicht zu vergleichen mit dem großen Impetus, den
Architektur noch zur Zeit des Bauhauses hatte.

»Die Arbeiterklasse existiert nicht
mehr, und also gibt es auch kein archi-
tektonisches Konzept, das auf sie be-
zogen wäre. Es ist im Grunde in neuer
Form der alte Traum von Ascona, vom
Süden; eine Architektur, die zugleich
Kunstwerke und Kunstwerte schafft.
Frank Lloyd Wrights Haus über dem
Wasserfall für jedermann.«

Die Bautätigkeit zwischen 1960
und 1985 läßt mindestens vermuten,
daß vielerorts noch einmal versucht
worden ist, einen solchen Traum zu
realisieren. Aber: die neuen Kunstob-
jekte sind in aller Regel nicht von den
Fremden, sondern von Einheimischen
bewohnt, Lehrern, Journalisten, Politikern, Intellektuellen – und Architekten.

Einen ganz andern und freilich
recht pragmatischen Grund für die bi-
zarren Haustypen, die sich immer zahlreicher zwischen dem Einfamilienhaus
aus dem Versandkatalog und der roh
aufbetonierten Villetta all'Italiana er-
heben, ist baurechtlicher Natur. Die
Bauvorschriften im Tessin waren lange
Zeit recht lax (oder lax gehandhabt),
so daß neben dem scheußlichsten
Mittelmaß eben auch das Außerordentliche möglich wurde (Qualität
nach unten wie nach oben in großer
Amplitude ausschwingen konnte).
Ganz klar: Ein Haus wie Bottas Einfamilienhaus in Cadenazzo (1970–71)
wäre zur selben Zeit in der deutschen
Schweiz gewiß nicht möglich gewesen; ein Betonkubus wie die Casa del
Sindaco in Monte Carasso (Arch.
Luigi Snozzi, 1983) inmitten eines tra-
ditionell-ruralen Kontextes setzt Weit-
herzigkeit der bewilligenden Behörde
voraus. Ein provokativ gegen die
Landschaft gesetzter Bau wie Bottas
Haus in Riva San Vitale (1972–73)
hätte im Norden lodernden Zorn auf
sich gezogen. Man befindet sich im
Tessin im Süden, wo man der Umwelt
gegenüber eine andere Einstellung
hat.

Nun ist die neue tessiner Architektur ein Phänomen, das sich nicht
aus dem Tessin allein erklärt.

»Ich meine, daß für den Entwer-
fenden die Annäherung an die Architektur von der Form ausgehen muß.«
Der Satz, der eine Architektur, die sich

von der Soziologie, der Ökonomie, auch der Ökologie herleitet, in die Schranken weist, stammt von Luigi Snozzi. Architektur muß von der Form ausgehen: Snozzis Credo wurde zitiert von Martin Steinmann in der Einleitung zum Katalog der ETH-Ausstellung »Tendenzen – Neuere Architektur im Tessin«. Mit diesem Satz ist die auffälligste Gemeinsamkeit der jungen Architekten im Tessin getroffen. Und der Ort, an dem er zitiert wurde, ist wohl als der Ausgangspunkt des internationalen Aufsehens zu betrachen. Vom 20. November bis zum 13. Dezember 1975 war »Tendenzen«, zusammengestellt von Martin Steinmann und Thomas Boga an der ETH zu sehen, Entwürfe, Modelle, Dokumentation von über 20 Architekten, von Roberto Bianconi bis Livio Vacchini; es war das erste Mal, daß das, was sich im Tessin etwa seit Beginn der sechziger Jahre als Innovation artikulierte und akkumulierte, daß das, was sich da in fünfzehn Jahren zusammengebraut hatte, als Strömung oder als Bewegung präsentiert wurde.

Hier und nicht im Tessin ist der Mythos einer verschworenen Gruppe begründet worden – obwohl Heinz Ronner im Vorwort zum Ausstellungskatalog die Gemeinsamkeit dieser neuen Gestirne am architektonischen Himmel sogleich differenzierte: »Es ist also nicht die Verwandtschaft, die durch Flachdach oder Steildach, Stahlbeton oder Backstein, gerade oder gebogen entsteht, die hier im Vordergrund steht. Es ist vielmehr die Verwandtschaft der Problemstellung, die sich quer durch die gezeigten Arbeiten hindurchzieht. Und dieses Merkmal der Verwandtschaft in der Öffnung einer baulichen Problemstellung unserer Zeit gegenüber und nicht in der geschlossenen Haltung in der Art der Lösung baulicher Aufgaben ist

Riva San Vitale

es, was uns zu dieser Gruppierung von Bauten und Projekten aus dem vergangenen Jahrzehnt bewogen hat.«

Hier ist das Gerücht einer Unité de doctrine in die Welt gesetzt worden, entgegen der direkten Anschauung, die in der Ausstellung zu beziehen gewesen wäre; aber die Ausstellung hat dazu, nämlich mit ihrem »tendenziösen« Titel, den Grund gelegt: auch wenn Heinz Ronner vorbeugend versichert, »der Zeitpunkt der Präsentation (sei) zufällig« gewesen. Diesem Zufall hat der Zürcher Zeitgeist die Hand geführt. Tendenzen – der Begriff macht ja nun auf unübersehbare Weise, und auch wenn Steinmann ihn in seinem zitierfreudigen Einleitungshöhenflug gar nicht braucht, auf die italienische Erneuerungsbewegung der »tendenza« aufmerksam, schafft einen Bezug, der das einzelne architektonische Projekt, den einzelnen Architekten plötzlich in einen scheinbar einleuchtenden Gesamtzusammenhang stellt. Man hat ja immer gern Schubladen, in denen man die vagie-

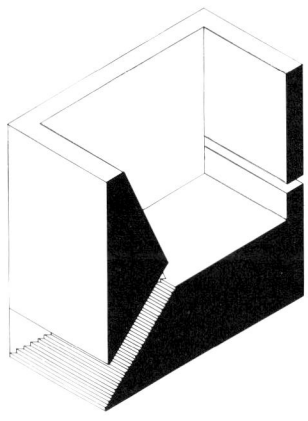

Aldo Rossi, Denkmal für Widerstandskämpfer, Cuneo

renden Erscheinungen zusammenlegen kann.

Man darf daran erinnern: 1971 war Massimo Scolaris »La città di Padova« erschienen, in dem die Vertreter der Tendenza vorgestellt worden waren; 1973 erschien die deutsche Übersetzung von Rossis »Die Architektur der Stadt«. Und nun, 1972 bis 1975, war Aldo Rossi, berufen von Rossi-Freund Dolf Schnebli, Dozent an der ETH.

Es war die Zeit, da man endgültig erkannt hatte, daß das Neue Bauen verkommen war zu einer funktionalistischen, menschenverachtenden Zweckarchitektur. »Ugly and ordinary« (Venturi), häßlich und gemein schien alles Gebaute geworden zu sein, ringsum Duckmäuserarchitektur vom Fließband. Dagegen nun forderte Rossi das »Monument«, ein Begriff übrigens, bei dem im italienischen Original »monumento« wesentlich mehr mitschwingt als in der deutschen Übersetzung (das Italienische deutet weniger in die Richtung des statisch Monumentalen als des Ereignishaften eines Monuments).

Ausgehend von einer Analyse der Stadt und der Konzeption des Bauwerks als Teil einer urbanen Textur, kommt Rossi zum Begriff der »komplexen Motivation«, die ein rein funktionalistischer Bau aufgegeben habe. Der entscheidende Mangel des Funktionalismus bestehe in seiner Mitteilungsfeindlichkeit. Dagegen setzt Rossi die Erfahrung des Monuments als gebaute Geschichte, als »Geometrie gegen das Vergessen« (Rudolf Schilling). Rossi fordert eine Architektur als Emanation von Geschichte in steter Umwälzung: »Eine Erfahrung dieser Art machte ich in den Nachkriegsjahren mit dem Kölner Dom inmitten der zerstörten Stadt. Nichts hätte für die Phantasie dieselbe Be-

»Casa della Giovane« in Lugano, Architekt Livio Lenzi (oben)

Die »Torre Velasca« in Mailand

deutung haben können wie dieses von Ruinen umgebene, beinahe unversehrte Bauwerk . . . Dabei soll dieser Vergleich nur zwei Punkte hervorheben: daß nicht die Umgebung und ihre möglicherweise illusionistische Wirkung zum Verständnis eines Baudenkmals und seiner Bedeutung im städtebaulichen Zusammenhang beiträgt, sondern daß es sich gerade durch den Gegensatz zu anderen städtebaulichen Tatbeständen, durch seine Einzigartigkeit einen Sinn innerhalb einer Stadtarchitektur erhält.«

Rossi greift auf Grundgesetze zurück, buchstabiert architektonische Typen wie »platonische Ideen«, als Ideale oder Ideen. »Gefunden hat er die Typen in der Geschichte«, schreibt Schilling. »Er hat sie herausdestilliert aus Antike, Renaissance, Aufklärung und Klassizismus. Er bezieht sich auf den Renaissancearchitekten Andrea Palladio (1508–1580), den Revolutionsarchitekten Etienne-Louis Boullée (1728–1799), der ein Newton-Denkmal in Form einer reinen Kugel entwarf, auf den Klassizisten Karl Friedrich Schinkel (1781–1841), auf den Pionier der Moderne Adolf Loos (1870–1933). Sie zitiert und nennt er immer wieder. Rossi ist insofern ein neuer Klassizist. Zu Recht nennt er seine Architektur auch architettura razionale, Architektur der Vernunft. Seine Bauweise kehrt zu den Grundbegriffen zurück, zur Axiomatik, fängt von vorne an.«

Solches Denken bedeutet eine Dramatisierung des Verständnisses von (Architektur-)Geschichte. Man kann sich vorstellen, welches Aufatmen, welche Perspektiven dieser neue Entwurf von Geschichte nach Jahrzehnten des Hinstarrens auf die Linie von Gropius zu Le Corbusier, auf Zweckbau und Haus-als-Maschine eröffnet haben muß.

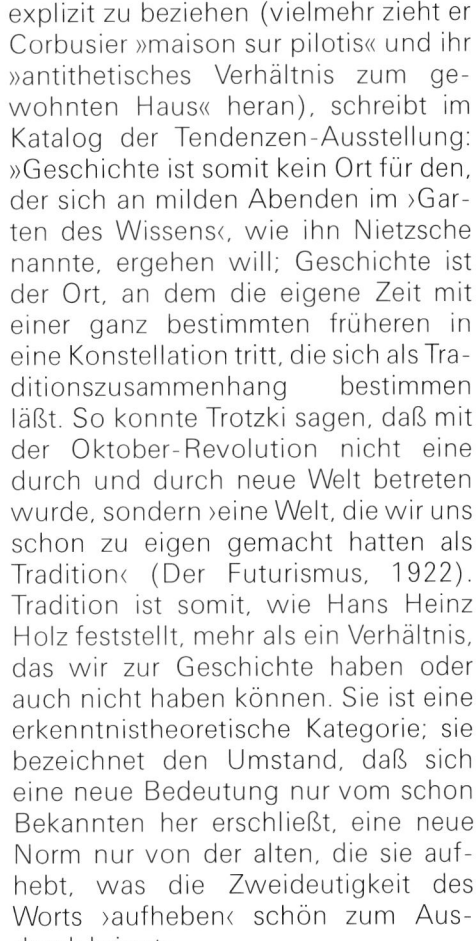

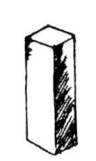

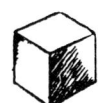

Le Corbusier: »Vers une architecture«

Steinmann, ohne sich auf Rossi explizit zu beziehen (vielmehr zieht er Corbusier »maison sur pilotis« und ihr »antithetisches Verhältnis zum gewohnten Haus« heran), schreibt im Katalog der Tendenzen-Ausstellung: »Geschichte ist somit kein Ort für den, der sich an milden Abenden im ›Garten des Wissens‹, wie ihn Nietzsche nannte, ergehen will; Geschichte ist der Ort, an dem die eigene Zeit mit einer ganz bestimmten früheren in eine Konstellation tritt, die sich als Traditionszusammenhang bestimmen läßt. So konnte Trotzki sagen, daß mit der Oktober-Revolution nicht eine durch und durch neue Welt betreten wurde, sondern ›eine Welt, die wir uns schon zu eigen gemacht hatten als Tradition‹ (Der Futurismus, 1922). Tradition ist somit, wie Hans Heinz Holz feststellt, mehr als ein Verhältnis, das wir zur Geschichte haben oder auch nicht haben können. Sie ist eine erkenntnistheoretische Kategorie; sie bezeichnet den Umstand, daß sich eine neue Bedeutung nur vom schon Bekannten her erschließt, eine neue Norm nur von der alten, die sie aufhebt, was die Zweideutigkeit des Worts ›aufheben‹ schön zum Ausdruck bringt«.

Die jungen tessiner Architekten haben die Türen, die da zu einer neu-

Studie von Aldo Rossi

Aldo Rossis Denkmal in Segrate

Späterer Bauernhausumbau von Mario Botta in Ligrignano

alten, jedenfalls fast unerschöpflich reichen Formensprache durch italienische Lehrer aufgestoßen wurden – neben Aldo Rossi vor allem Ernesto Rogers und Giorgio Grassi – sofort und ohne Zögern durchschritten. Manchmal in eilfertigem Schülertrab, wie die beiden tessiner Architekten Reichlin/ Reinhart mit der vielgerühmten Casa Tonini in Torricella – die beiden waren in Zürich Rossis Assistenten und haben den exhumierten Palladio wörtlich genommen. Die Hegelsche Unterscheidung zwischen Geist und Buchstabe der Überlieferung ist ihnen nebensächlich.

Die Zürcher Ausstellung »Tendenzen« von 1975 hat vielfachen Nachhall erzeugt. Sie hat die Aufmerksamkeit auf eine Erscheinung gelenkt, deren Ausdehnung bis dahin nicht gesehen worden war; sie hat in diesem Sinn die neue tessiner Architektur regelrecht »erfunden«. Die Ausstellung und die damit ausgelöste Bewegung hat auf die Urheber, die Architekten selbst wieder belebend zurückgewirkt. Auch im Sinn der Kontroverse.

Im August 1976 nämlich veröffentlichte der italienische Architekturkritiker Francesco Dal Co in der Zeitschrift »Architecture d'aujourd'hui« eine Grundsatz- und Detailkritik der Zürcher Ausstellung, die sogleich eine Debatte entfachte.

Dal Co fragte sich dort, »ob im Tessin wirklich eine architektonische Produktion existiert, die eine solche Ausstellung verdient.« Er wünschte sich eine strengere Auswahl, eine schärfere Polemik, einen Diskurs, der sich ihm auch in den Werken selbst auszudrücken schien. »Die ›Sucht nach Form‹ manchmal fast manieristischer Art, die manche der ausgestellten Arbeiten charakterisiert – oft in naiver doch gleichzeitig ehrlicher Weise, oft mit gewissem Opportunismus –, hat einen doppelten Ursprung: auf der einen Seite gilt es zu verstehen, daß in einem Umfeld fortschreitender Entfremdung jedes Projekt (unabhängig von seiner Bedeutung und seiner Funktion) sich mit immer komplexeren Botschaften auflädt, mit ausdrücklich polemischen Akzenten, mit der sie sich der ›formalen Ängstlichkeit‹ der geläufigen Produktion entgegenstellt. Andererseits, auf der Ebene des projektiven Experiments, impliziert diese Situation eine neue Auseinandersetzung mit der ›Tradition der modernen Architektur‹. Diese Widersprüche führen dazu, daß sich die psychologischen und objektiven Auflagen der Architekten vervielfachen.«

Und so sieht Dal Co andererseits die Produktionsbedingungen im Tessin: »Arbeit in kleinen Studios, das kulturelle Gespräch reduziert auf eine Zahl begrenzter Erfahrungen, das Wiederaufnehmen bestimmter positiver Themen der lokalen Tradition.«

Freilich muß auch Dal Co feststellen, wie heftig der internationale politische Wandel nach 68 auf die Arbeit der Architekten im Tessin durchgeschlagen hat. »Auch im Tessin ist man nun über einige Vorurteile über die schweizerische Realität hinausgekommen: Man sieht die Probleme, die durch die schwarz engagierten Fremdarbeiter in den Jahren der Hochkonjunktur geschaffen wurden, die unvorhergesehenen Konsequenzen des ökonomischen Booms, die dramatischen Probleme der Immigranten, die unter unannehmbaren Bedingungen leben – das hat nun ein gesellschaftliches Echo . . . Sie haben die Art und Weise verändert, in der die Architekten die Probleme angehen . . . Der Architekt sucht nach neuen Typologien, um billiger zu bauen.«

Mit den Widersprüchen zwischen den gesellschaftlichen Erforder-

nissen und inhärenten architektonisch-ästhetischen Fragen schienen ihm vor allem Snozzi, Carloni, Botta und Durisch konfrontiert. Gleichzeitig läßt Dal Co an Durischs Haus in Riva San Vitale keinen guten Faden.

Das Büro-Wohnhaus, das sich der Architekt am Dorfrand von Riva gebaut hat, gehöre »zu den seltsamsten Verwirklichungen«, die man im Tessin sehen könne. Durisch gehe von einer Reihe zeitgenössischer Künstler aus – tatsächlich hatte Durisch im Katalog weniger auf eine architektonische Tradition als auf je ein Werk von Klee, Moore und Lichtenstein verwiesen – und nicht von der eigenen architektonischen Tradition; »Durisch zielt auf die Abstraktion und das Unvereinbare« (seiner Architektur mit dem Dorf). »In seinem Büro-Wohnhaus sind Arbeitsbereich und Wohnbereich nicht getrennt. Die Baukörper führen keinen Dialog mit der Umgebung, und die Fassaden, alle gleich, öffnen sich symmetrisch auf einen Innenhof, der so unwirtlich ist wie der unbewegte Raum zwischen den ›Gegenständen ohne Geschichte‹ einer ›metaphysischen Landschaft‹ . . . Die Ideologie äußert sich als Zurückweisung der Bedingungen, die durch die Tradition überliefert sind.«

Zu Reichlin/Reinharts Casa Tonini registriert Dal Co zuerst einmal mit Verwunderung den zitatenreichen Essay, den die Baumeister ihrem Projekt zur Seite gestellt haben – seine Verwunderung wird jeder Leser des Katalogs nachvollzogen haben. Dann sagt er über das Gebäude selbst: »Die Architektur spiegelt mechanisch die Sätze, die aus den Texten zusammenmontiert sind. Es handelt sich hier nicht mehr um (architektonische) Sprache (linguaggio), sondern eher um Redensarten (affabulazione) . . . Trotz des abgeschlossenen Charakters

**Einfamilienhaus in
Torricella von Bruno
Reichlin/Fabio Reinhart**

des Ganzen scheint das architektonische Resultat einer Kitsch-Montage entsprungen.«

Dal Co mag ausgesprochen haben, was andere nur dachten – klar, daß sich auf ihn nun der Zorn der Betroffenen ergoß. Paolo Fumagalli, Redaktor der Rivista Tecnica, nannte Dal Co einen »Kritiker ohne Argumente«, seinen Artikel »leichgewichtig« und »oberflächlich«.

Der »Critique d'une exposition« Dal Co's folgte nun die »Critique d'une critique« von Bruno Reichlin und Martin Steinmann. Nach der Anklage die Kritikerbeschimpfung. »Metodo terroristico« und »in der Nacht des Kritikers sind alle Katzen schwarz« – der Kritiker wird als unfähig erklärt: er lege die Grundlagen seiner Analyse nicht dar, urteile wie ein Abgesandter des Michelin-Restaurantführers, der entscheide, ob die »formale Ängstlichkeit« die Reise, den Umweg oder gar nicht lohne.

Die Kontroverse wird hier referiert, weil sie die Temperatur anzeigt, mit der damals über Architektur gestritten wurde. Dieses neue Bauen war als Provokation aufgetreten – und die Provokation hatte gewirkt. Der Gestus der Neubauten jener Jahre – seien sie nun von Snozzi oder Reichlin/Reinhart, von Botta oder Campi, von Durisch oder Galfetti – war klar und gezielt der Gestus des Aufbegehrens; dieses unterscheidet sich von Widerstand, gar Revolution durch eine zeitliche Begrenztheit.

Die Wogen sind nie mehr so hoch gegangen wie nach »Tendenzen« 1975.

Fast zehn Jahre später, 1984, schreibt Raffaele Cavadini über »Il Ticino e la ›Tendenza‹«, und es ist witzig zu lesen, wie ein jüngerer Architekt, Mitarbeiter von Galfetti, Gianola, Snozzi über das Damals urteilt, nämlich wie Dal Co: »Einzelne Kritiken aus der Zeit der Ausstellung sind auch für die heutige tessiner Wirklichkeit immer noch gültig. Nicht zuletzt, wie Dal Co feststellte, das Problem einer diffusen Suche nach Formalem innerhalb einer entfremdeten Umgebung, eine Suche, die fast manieristisch ist.«

Und Cavadini fährt fort: »An Stelle der heldenhaften Begeisterung jener Zeit haben wir heute einerseits reifere Arbeiten auf nationaler und internationaler Ebene ... Andererseits ist das an sich nicht sehr großzügige kulturelle Klima des Kantons durch wirtschaftliche Rezession geprägt worden. Man kann eine nostalgische Entwicklung feststellen, die jeden innovativen Vorschlag zu erdrücken droht ... Einerseits also neue Erfolge, andererseits neue Niederlagen. Zu den letzteren kommt noch das Gefühl der Frustration der jüngeren Generation, für welche die Arbeitsgelegenheiten immer rarer werden ... Man kann auch sagen, daß die Schattenseiten und Widersprüche, die Dal Co anläßlich der Zürcher Ausstellung hervorgehoben hat, im Lauf der Zeit verstärkt wurden und heute klarer ersichtlich sind als damals.«

Cavadini schließt mit einer Warnung, die sich fast schon wie eine Drohung anhört: »Diesen Stereotypen (formaler Selbstzweck, Anpasserei, Nostalgie, Kleinbürgerlichkeit) sollte man besser ein positives Tessinbild gegenüberstellen und gleichzeitig an das Werk von Adolf Loos, ›Ornament und Verbrechen‹ erinnern.« Cavadini ist, so weit ich sehe, nicht mehr widersprochen worden.

Sollte zutreffen, was man im Gespräch mit Architekten immer wieder hören kann: daß die Ausstellung »Tendenzen«, die das Phänomen »Neue Tessiner Architektur« erfand, auch schon ihr Ende anzeigte?

3

Die neue tessiner Architektur ist bekannt, dann berühmt geworden mit dem Einfamilienhaus, mit der »Skulptur in der Landschaft«, mit dem Bijou, das manchmal tatsächlich wie ein Schmuckstück in der Landschaft steht. In Oberitalien (Padua) gibt es eine Tradition moderner Goldschmiedekunst, die sich von der Guten Form, oder der Neuen Sachlichkeit der zwanziger Jahre herleitet – es ist, wenn nicht eine direkte Blutsverwandtschaft, so doch eine über das Spiel des Zufalls hinausreichende Affinität, wenn die neuen Häuser im Tessin manchmal aussehen wie das sauber gefeilte Geschmeide aus Padua: auch diese Häuser wenden sich gegen die Abnützung und den Dutzendgeschmack, sind Ausdruck eines Protestes, der sich formuliert als ästhetische Alternative. Der Protest aber, der sich mit Mitteln der Kunst formuliert, hat immer die Neigung, in seinem Fortschreiten ästhetisch radikaler, jedoch moralisch unverbindlicher zu werden: Das Raffinement ist die natürliche Tochter des Aufbegehrens.

Das Einfamilienhaus ist das Paradeobjekt des »Aufstands« gewesen – aber nicht sein alleiniger Ansatzpunkt, vielleicht nicht einmal sein wichtigster.

Alles was im Tessin geschieht, ereignet sich auf dem Hintergrund des großen Diskurses über die Stadt. Wo alles Land Schein-Stadt geworden war, und die Stadt (der dörfliche »nucleo« mit urbaner Struktur) die bergende Funktion verloren hatte, verlassen worden war zugunsten eines ge-

Installation für das Filmfestival von Locarno auf der Piazza Grande; Architekt Livio Vacchini

sichts- und ortslosen »Wohnens im Grünen«, mußte das Nachdenken über das Bauen an diesem Punkt ansetzen. Die Bauten, Verwaltungs- und Bankbauten, der Boom des tertiären Sektors, hatte die Städte, vor allem natürlich Lugano, aber auch Nebenzentren wie Chiasso, Bellinzona, immerhin Kantonshauptstadt, bis hinauf nach Biasca, hatte diese Städte nicht eigentlich größer, nur dünner und breiter werden lassen. Die neue tessiner Architektur suchte immer wieder nach

neuen Zentrumsfunktionen.

In Bellinzona wird ein Wettbewerb für die Neugestaltung der zentralen Piazza del Sole ausgeschrieben, an dem, neben führenden Tessinern, auch Auswärtige teilnehmen (1. Preis Livio Vacchini, 2. Preis Kreis, Schaad und Schaad, 3. Preis Zulauf und Rausser. 4. Preis Durisch, 5. Preis Galfetti, 1981). Tessiner nehmen dafür am Projektwettbewerb für die Epul in Lausanne teil und stellen dort weniger ein »Schulhaus« als eine mit Lausanne korrespondierende »città analoga« vor. Die öffentliche Diskussion in Lausanne 1970 zeigte vielleicht zum ersten Mal die Kluft zwischen den deutsch-schweizer »Technokraten« und den tessiner »Phantasten« auf. Snozzi beginnt mit der Planung eines neuen Dorfzentrums von Monte Carasso, von dem bisher erst die ersten Schritte verwirklicht worden sind. In Locarno zerschlagen sich die geplanten wirklich tiefgreifenden Eingriffe; immerhin darf Vacchini die Piazza für das jährliche Filmfestival mit Projektionskabine, Bestuhlung, Leinwand herrichten, Festivalarchitektur in einem der schönsten Plätze des Tessins (Piazza Grande, ab 1971). Für die Neugestaltung des Lidogeländes in Lugano wird ein Projektwettbewerb ausgeschrieben. Ivano Gianola stellt im Zentrum von Mendrisio mit verschiedenen Eingriffen ein städtisches Ambiente wieder her, daß durch die Bauten des tessiner Wirtschaftswunder vor nicht langer Zeit zerstört worden war.

Aber auch das Einzelobjekt Einfamilienhaus soll kein Eigenleben führen. In seiner polemisch gegen die Umgebung gesetzten Form reibt es sich produktiv am Vorhandenen, nimmt mithin einen Dialog auf – eines der hervorstechendsten Beispiele: Durischs Atelier-Haus in Riva San Vitale. In den geglückten Realisierungen wird ein solcher Dialog »sprechend«, in dem mißratenen bleibt der Neubau Fremdkörper, steht schroff und stumm – und dies wäre wohl ein Kriterium, unter dem diese Architektur auch zu betrachten wäre.

Von größter Bedeutung für die Entwicklung und Entfaltung der neueren tessiner Architektur, und vielfach die einzige Möglichkeit für den Architekten, sich am Großobjekt zu bewähren, ist der Schulhausbau, ein Pro-

**Projektionskabine (oben),
Rückseite der großen
Leinwand (unten)**

**Gymnasium in Locarno;
Architekt Dolf Schnebli**

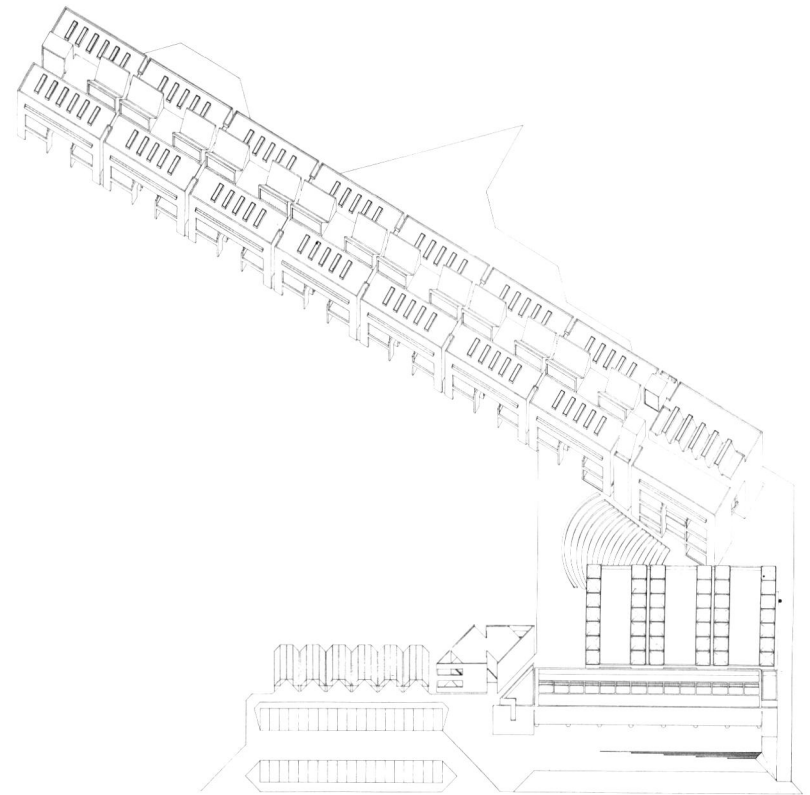

»Scuola media« in Morbio Inferiore; Architekt Mario Botta

gramm, das der Kanton etwa zwischen 1972 und 1982 abwickelt und in dem 600 Millionen Franken verbaut werden – für den »armen« Kanton Tessin eine geradezu ungeheuerliche Summe.

Zwei Tatsachen haben den Eingriff nötig gemacht: Die sprunghafte Zunahme der Schülerzahl in den Scuole Medie von 12 000 Schülern 1972 auf 20 000 im Jahr 1982, und der Beschluß über die »nuova scuola media« (Gesamtschule) von 1971, eine grundlegende Revision des tessiner Schulsystems.

Überdies waren die bestehenden Gymnasien überlastet; »die Situation ist dramatisch« hielt 1971 der Bericht des Erziehungsdepartementes fest und nannte Zahlen: einer Kapazität von 3700 Schulplätzen in den Gymnasien standen 4791 Schüler gegenüber – Tendenz steigend.

Zunächst wurden vier neue Gymnasien projektiert und gebaut: in Canobbio (Eros Martignoni), in Morbio Inferiore (Mario Botta), in Losone (Livio Vacchini), in Savosa (Mauro Buletti, Paolo Fumagalli). Alle vier Projekte sind 1971/72 konzipiert werden.

Der Bericht sah vor, daß für die neue Mittelschule 29 Schulhäuser gebaut werden müßten. Das Programm mußte unter Zeitdruck durchgepeitscht werden, und für die Projektierung wurden drei Gruppen zu je drei Architekten ernannt (Martignoni/Mina/Tallone, Pedrocchi/Ruchat/Vacchini, Botta/Brocchi/Pagnamenta), die vom ETH-Architekten Paul Waltenspühl koordiniert worden sind. Man hat den Druck beklagt, den die Regierung nun aufsetzte und der eine eigentliche Team-Arbeit unmöglich machte – die einzelnen Arbeiten sind dann auch von einzelnen Architekten allein verantwortet worden,

was immerhin hervorragende Leistungen möglich machte.

Nachdem bereits in den sechziger Jahren einiges gebaut worden war – 1961–63 Dolf Schneblis Gymnasium in Locarno, 1962–64 Galfettis Kindergarten in Biasca und Flora Ruchats Kindergarten in Chiasso, 1962 bis (in Etappen) 1972 Galfetti/Ruchat/Trümpys Primarschule in Riva San Vitale, ab 1964 Pedrocchis Gemeindeschule von Muralto, 1968 Galfetti/Ruchat/Trümpys Kindergarten in Riva, 1969 Schneblis Kindergarten in Bissone, im selben Jahr Sidlers Primarschule in Cavigliano, 1970 Giampiero Minas Kindergarten in Pregassona und im selben Jahr Galfetti/Ruchat/Trümpys Kindergarten in Viganello – nach all diesen »Vorläufern« ging es nun, mit vergrößertem Budget, in noch schnellerem Rhythmus weiter:

1971 Gemeindeschulen Gordola (Marco Bernasconi), Kindergarten Bedano (Galfetti).

1972 Scuola comunale Lambertenghi, Lugano (Camenzind, Brocchi, Sennhauser), Schulzentrum in Riva (Mauro Buletti/Paolo Fumagalli).

1973 Primarschulen in Mezzovico (Fonso und Pietro Boschetti), Kindergarten in Breganzona (Schnebli), Kindergarten Saleggi-Locarno (Schnebli), Turnhalle Riva (Galfetti/Ruchat/Trümpy), Schulzentrum in Melano (Marco Krähenbühl und Tino Bomio).

1974 Kindergarten Balerna (Ivano Gianola), Zentrum Caslano (Mario Campi/Franco Pessina/Niki Piazzoli), Schulzentrum Agno (Angelo Bianchi/Peter Disch), Primarschule Locarno (Vacchini).

1975 Kindergarten in Stabio (Krähenbühl/Bomio).

1976 Erweiterungsbau Liceo Cantonale Lugano (Sergio Pagnamenta).

1977 Primarschulen im Val Colla (Carlo Antonini), Primarschulen Gordevio (Marco Bernasconi), Gemeindeschulen Viganello (Pagnamenta).

1978 Gemeindehaus und Primarschule San Nazzaro (Snozzi), Primarschule Camorino (Fonso und Pietro Boschetti), Turnhalle in Balerna (Botta).

1979 Berufsschule Lugano-Trevano (Gianfranco Rossi).

Weitere Bauten in Locarno, Bissone, Gordola, Bedigliora, Riva und Taverne von Vacchini, Schnebli, Tallone, Pedrocchi, Bianchi/Disch, Durisch/Guidici und Molina, letzterer 1985 eröffnet.

Schulreform von innen, Schulbau außen – zwei Faktoren, die aufs innigste miteinander verhängt sind

und wie kaum ein zweites Thema das kulturell-gesellschaftliche Gespräch dominiert haben. Es ist klar, daß all das, was hier in Beton, Backstein, Stahl und Glas als Lehrgehäuse geschaffen worden ist, die kommenden Generationen prägen wird; ein Schulhaus wird zwar vom Schüler nicht »bewußt« als Architektur erlebt – aber jeder weiß, welch tiefe Wirkungen das Schulhaus, in dem man entscheidende Jahre des Lebens verbringt, hervorruft. Die Wirkung dieser Sparte der neuen tessiner Architektur ist möglicherweise tiefer und weitreichender als die Wirkung der berühmten Preziosen, die die Villenlagen schmücken . . .

Auf diesem Hintergrund wirkt der Beitrag, den die tessiner Architekten

Schule in Melano von Marco Krähenbühl und Tino Bomio

zum Bau von Mehrfamilienhäusern, Verwaltungsgebäuden und Industrieanlagen geleistet haben, eher marginal (im übrigen sind die Banken auch erst in den allerletzten Jahren auf die Möglichkeit, sich mit den Federn dieser Architektur zu schmücken, aufmerksam geworden). Der vielgescholtene Staat aber hat, neben den privaten Bauherren, den Mut gehabt, diese Architekten im richtigen Moment ins Brot zu setzen.

4

Man könnte, versuchsweise, zum Vergnügen, im Sinn einer Klärung, eine Genealogie der neuen tessiner Architektur versuchen. Sie würde sich bemühen, Altersgenossen zu Gruppen zusammenzufassen – und müßte damit vernachlässigen, daß Generationszugehörigkeit nicht unbedingt Ideologie- und Denkgleichheit bedeutet; sie würde lauter Individuen, die, wenn auch verschiedenen Alters, gleichzeitig arbeiten, in eine Abfolge bringen und damit Diachronie statt Synchronizität vortäuschen.

Trotzdem. Blickt man auf sechzig Jahre Architektur im Tessin zurück (1925–1985), konstatiert man zwangsläufig die Abfolge von drei Generationen, von den »Großvätern« zu den »Söhnen«, und bei den »Söhnen« erscheint es möglich, vielleicht sogar nützlich, noch einmal in Altersgruppen zu differenzieren. Gleichzeitig könnte eine solche Genealogie versuchen, die Einflüsse der internationalen Architektur mit darzustellen, ebenso schematisch wie man Generationen gebildet hat, notgedrungen.

Von den Ereignissen des Jahres '68 ist natürlich auch die Sohn-Generation I und II betroffen, im Fall von Snozzi und Carloni ganz erheblich. – Schnebli und Botta: trotz des Geburtsdatums der jeweiligen Gruppe zugeordnet aus Gründen der planerischen Tätigkeit. Und: Von den neuen Meistern gehen natürlich auch Wirkungen die genealogische Leiter hinauf. – Den Architekten, deren Namen fettgedruckt sind, sind in diesem Buch besondere Kapitel gewidmet.

Ein solcher Stammbaum würde so aussehen:

Die Großväter	Mario Chiattone, 1891–1957 Eugenio und Agostino Cavadini, 1881–1962 resp. 1907 Augusto Guidini, 1895–1970 Bruno Bossi, 1901 Giuseppe Franconi, 1901–69 Giovanni Bernasconi, 1905	Die »Überväter« Giuseppe Terragni Le Corbusier Frank Lloyd Wright Walter Gropius Mies van der Rohe Otto Rudolf Salvisberg
Die Väter	**Rino Tami,** 1908 Alberto Camenzind, 1914 Franco Ponti, 1921 Peppo Brivio, 1923 Sergio Pagnamenta, 1923 Dolf Schnebli, 1928	. . . und die »Asconeser Architekten« Emil Fahrenkamp Max Schmucklerski Carl Weidemeyer
Die Söhne I	Bruno Brocchi, 1927 **Tita Carloni,** 1931 **Luigi Snozzi,** 1932 Livio Vacchini, 1933	
Die Söhne II	Peter Disch, 1933 Giancarlo Durisch, 1935 Mario Campi, 1936 Aurelio Galfetti, 1936 Flora Ruchat, 1937 Guido Tallone, 1939 **Mario Botta,** 1943	Die neuen Meister Richard Meier Venturi und Rauch Louis Kahn Aldo Rossi Oswald M. Ungers
Die Söhne III (68er . . .)	Paolo Fumagalli, 1941 Marco Krähenbühl, 1941 Bruno Reichlin, 1941 Fabio Reinhart, 1942	
Die Söhne IV	Bernegger, 1942, Keller, 1948 und Quaglia, 1944 Ivano Gianola, 1944 **Roni Roduner,** 1944 Rudy Hunziger, 1946 Paolo und Franco Moro, 1945 und 1948 **Elio Ostinelli,** 1948 Fosco Moretti, 1950 **Giovanni Gherra,** 1953 **Antonio Bassi,** 1955 **Dario Galimberti,** 1955	

5

Zum Phänomen der neuen tessiner Architektur gehört die handwerkliche Sicherheit in der Ausführung. Hier drückt sich ein ungewöhnlicher starker Wille aus, den Bau in seinen einzelnen Komponenten zum Sprechen zu bringen – und hier liegt die engste Verbindung zur Tradition der tessiner Baukunst.

Es ist, um es gleich zu sagen, keine direkte Verbindung. Sie verläuft über den gleichen Bruch, der das neu erwachte Verständnis für Architektur überhaupt hervorgebracht hat.

Die traditionelle, bäuerliche oder ländliche Baukunst des Landes zeigte ein ausgesprochenes Gefühl für Materialien. Die aus sorgfältig gehauenen Granitplatten geschichteten Dächer des Sopraceneri, die aus grobem Bruchstein solid und schön aufgebauten mächtigen Mauern (Baukunst, die vor allem was die Dächer betrifft, nur noch von den allerletzten Angehörigen des ehemaligen Berufsstands beherrscht wird); die Wiesenbegrenzungen aus Granitplatten in der Leventina, die, anders als Holz, über lange Zeiträume ihre Funktion erfüllen; die aufgemauerten Rebterrassen bis in die höchsten Täler hinauf (der größte Teil dieser in harter Arbeit erstellten »Landschaftsarchitektur« dürfte unter wucherndem Wald begraben sein wie die Dschungelstadt Borobodur . . .); die (lombardischen) Stützkonstruktionen des Mendrisiotto, mit aus Backstein aufgemauertem Pfeiler und darübergelegtem Holzbalken – Konstruktion, die ein Mario Botta quasi als

Alte Kapelle bei Roveredo (Misox)

Archetyp übernehmen konnte –; hier steht seit Jahrhunderten ein Fundus handwerklich bestimmter Architektur bereit. Selbst die absolut eigenständig und phantastisch anmutenden Fassadeneinschnitte und Fensterluken Mario Bottas waren schon da im Angebot der Tradition. Man mußte sie nur lesen wollen.

Aber die Springflut der Einfamilienhäuser in Beton, Tonziegel und Würfelparkett hatte das alles für Jahrzehnte (und manches davon für immer) zur Seite geräumt. Der Granit lag als Zitat früherer Stubenböden noch im Vorgärtchen. Neben dem neuen Haus mit der Ölheizung und dem Steinwolle-Eternit-Ziegel-isolierten Dach stand das Rustico mit Granitdach und meterdicker Mauer – und zerfiel. Das Gerippe das langsam verwitternden, steinalten Kastanienholzes der Dachträger stand gegen den Himmel.

Es ist kein Wunder, daß das Tessin, aus dem die Handwerker jahrhundertelang emigrierten, um im Süden die Meisterwerke des Barock und des Klassizismus zu hämmern und zu meißeln, heute kaum mehr Berufsleute hat, die die alten Künste beherrschen. Ihre Arbeit, nach Stunden berechnet, wäre freilich auch unbezahlbar geworden . . .

Aber das Gefühl für das handwerkliche Detail schlägt bei den jungen Architekten wieder durch. Und sie setzen einen Ehrgeiz darein, Handwerker für ungewöhnliche Probleme empfindlich zu machen. Botta erzählt gern von jenem Maurer, der am freien Sonntag mit seiner Familie auf die Baustelle in Massagno kam, um ihr den von ihm gemauerten Bogen an der dortigen Villa zu zeigen. Über den Zweck hinaus wird das kunstgerecht verarbeitete Material zum Schmuck.

Das Ornament, das nicht immer

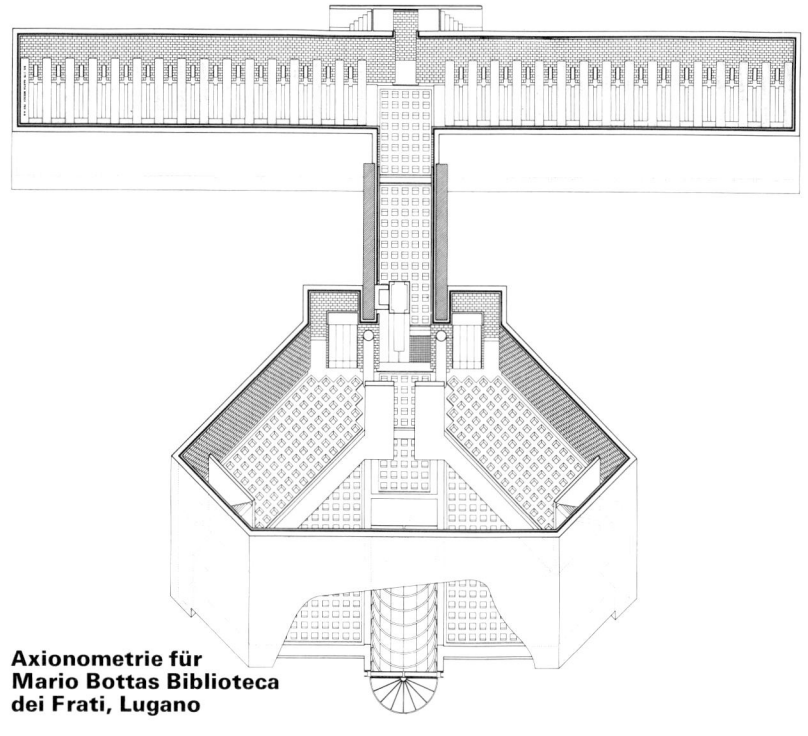

**Axionometrie für
Mario Bottas Biblioteca
dei Frati, Lugano**

gleich ein »Verbrechen« sein muß, fordert auf der Ebene der Ausführung einen Schritt über das Übliche hinaus: verschiedenfarbigen Stein (auch wenn es BKS-Kalksandstein ist), gerastert oder rhythmisch abwechselnd versetzt. Schmiede und Schlosser haben wahre·Orgien von Treppen, Geländern und kunstvollen Loggienkonstruktionen gebaut. Maler haben sich wieder an Farben gewöhnen müssen, an pastellige Abtönungen, ans Konturenmalen und an die Skala der Grautöne für Metallfenster und Schlosserarbeiten. Bodenleger wurden vom Einheitsparkett auf den Cotto zurück und auf seltenere Materialien wie Schiefer und Marmor gelenkt. Der Einheitschromspültrog ist hier und da dem speziell gegossenen Graniglia-

Trog gewichen, eine alte Mendrisiotto-Tradition in einem Gebiet, wo geologisch der Kalk den Granit ablöst. Schreiner mußten von den Normmaßen auf die Sonderanfertigung zurück, ein höherer Fertigungsstandard wurde verlangt. Und bei all dem profitiert die lokale Architektur nicht zuletzt von jenen italienischen Grenzgängern, die billig arbeiten und als Italiener daran gewöhnt sind, daß jeder Wunsch ein Sonderwunsch ist.

Dort, wo das solide Alte auf das gutgemeinte Neue trifft, wird manchmal zum Ereignis, wie die Tradition der lokalen Baukunst und der freundliche Aufstand der jungen Architektur sich mit einander verbinden. Und es ist verblüffend, wie selbstverständlich das Alte das Neue trägt, und wie das Neue mit dem Alten den Dialog aufnimmt. Das schönste Beispiel für eine solche Konfrontation ist Bottas Umbau der Biblioteca Convento dei Cappuccini in Lugano: zwischen alter Kirche und bestehendem Tessinerhaus in den Boden eingelassen die neuen Räume für Ausleihe, Handbibliothek und Lesesaal, in der Sprache unserer Zeit mit Stahl, Glas, BKS-Stein, Holz ausgeführt – eingepaßt zwischen das Alte, aber nicht angepaßt, sondern mit eigenem Valeur: aus solcher Begegnung wird ein Stil.

PTT-Neubau in Bellinzona, 1985. Architekt Aurelio Galfetti

6

Derweil baut man im Züribiet »Seldwyla«, baut man in den siebziger Jahren ein »Dörfchen«, in dem innen alles modern und außen alles antik ist, baut man das Mimikry einer Architektur, die es einmal gab.

An des Architekten Keller Seldwyla ist stellvertretend abzulesen, was im Tessin anders ist: dort heißt die Parole Widerstand, nicht Anpassung.

Die polemische Komponente dieser tessiner Architekter ist, trotz des beinahe schon hellenistischen Schönwetters, das in den letzten Jahren aufgezogen ist, ganz unverkennbar.

Man baut *Monumente* – und keine Anpassungsarchitektur (geduckte Bungalows, begrünte Dächer, Terrassenhäuser).

Man baut in Sichtbeton, in BKS, und wenn man verputzt, verputzt man farbig: das Haus darf auffallen, muß sich nicht verstecken; das Haus klagt die Umgebung an, die sich verkrümelt. Das Sichtbarste an der neuen Architektur ist ihr *Gestus*: selbstbewußt, manchmal lyrisch, manchmal herrisch, immer *provokant*. Man baut so, wie Ernst Bloch den Gang des Menschen gefordert hat: aufrecht.

Man baut gegen die Natur, so wie das *Denkmal* gegen das Grün des Parks steht; bewußt.

Man baut mit *Phantasie*, sichtbarer *Lust*; und manchmal *theatralisch*. Baut Fassaden wie Kulissen, Arkaden wie Tempelsäulenreihen, Treppen wie Schiffsstege, Kamine wie Guckkastentheater.

Man hat die Angst vor dem Ornament (und dem »Schönen« überhaupt) verloren; das Ornament erscheint manchmal als das »Kulturelle« am Bau und kann sich auf die rurale Tradition berufen. *Das Ornament ist kein Verbrechen.*

Man läßt sich beeinflussen und beeindrucken. Ist nicht Bottas Entwicklung, zum Beispiel, als Folge solcher Eindrücke zu lesen? Auf den einfachsten Bezug gebracht: Bottas erstes Haus in Stabio: Le Corbusier. Das Haus in Cadenazzo: Louis Kahn. Das Haus in Riva San Vitale: die Vereinigung von Corbu und Kahn. Das Haus in Ligornetto: Hoffmann und Loos. Der Industriebau in Balerna: Rossi. Das Bürohaus in Lugano: Venturi und Rauch (Guild House, Philadelphia). Das geplante Handwerkerzentrum in Balerna und das Theater Chambéry: O. M. Ungers (Projekt Hotel Berlin).

So unverfroren kann man nur deshalb von Einflüssen reden, weil die guten Architekten im Tessin in keinem Augenblick epigonal sind. Das beste Beispiel wiederum Botta: ein absolut

eigenständiger, höchst sensibler Künstler, der zusehends eine persönlichere Formensprache entwickelt – und doch, wie osmotisch, mit der Architektur der Welt in Verbindung steht. Man sieht im Tessin Rossis Einfluß, den von Moore und Meier, man sieht Gropius, Salvisberg – und Ungers. Und Palladio. Und Borromini, der auf diese Weise würdiger zurückkehrt als auf der Hunderternote. Doch sieht man – läßt man die Epigonen beiseite, und auch die etablierten Tessiner haben schon die ihren – nicht die Kopie, sondern den Dialog. So betrachtet wirkt *das Tessin als Retorte*, in der sich vermischt, was anderswo isoliert erprobt worden ist.

Man darf sich an den Satz erinnern, den Ernesto Rogers 1959 in Otterloo, am jährlichen Kongreß des CIAM (Congrès International d'Architecture Moderne) gesprochen hat, im Hinblick auf die soeben in Mailand errichtete, heiß umstrittene Torre Velasca:

»In der gegenwärtigen Lage ist das Problem ... das, geschmeidige und anpassungsfähige Pläne zu entwickeln, die nicht auf abstrakten ideologischen Regeln beruhen, sondern auf der detaillierten Kenntnis der historischen Gegebenheiten.«

Man müßte für das Tessin nur noch hinzufügen: auch der politischen, der ökonomischen, der kulturellen.

Aufgrund dieser Kenntnis geht das Land seinen eigenen Weg.

Es hatte, als in den sechziger Jahren die neue Architektur neu anfing, Grund zur Verzweiflung, und es hat diese Verzweiflung formuliert – schroff, unversöhnlich, polemisch, politisch. Aus der Verzweiflung, die am Grund jeder Revolte steht, muß aktiver Widerstand werden, wenn Veränderung ein ernsthafter Vorsatz ist. Diesen

Widerstand – sowohl gegen die schlechten Gewohnheiten wie gegen jede Tendenz zur Restauration und Resignation – haben die tessiner Architekten in den siebziger Jahren, sozusagen Bauplatz um Bauplatz, durchexerziert. Die Schulhausbauten sind ein bleibendes Zeichen dafür.

Ende der siebziger Jahre beginnt die Zeit der Sättigung: die kargen Stilübungen des Anfangs weichen versöhnlicheren Experimenten, der Kampf mäßigt sich zum Spiel. Die großen öffentlichen Aufträge sind ausgeführt; die jüngste Generation kommt für die Schulbauten zu spät. Die Meister haben sich etabliert und holen nach dem internationalen Ruhm die großen Aufträge. Der aktive Widerstand hat bei einigen einen Durchbruch ins Geschäft gezeitigt; Einzelkämpfer wie Snozzi bleiben auf Posten – zusehends isolierter?

Zwanzig Jahre (1965–1985) sind eine lange Zeit, besonders wenn sie so bewegt ist wie diese. War es Revolution, oder nur Revolte? Mehr als Provokation? Architektur als Ästhetik des Widerstands, und folgt dem Widerstand jetzt doch die Anpassung? Und: Was sickert, über den üppigen Verbrauch von Kalksandstein, Glasprismen auf den Dächern, von ornamentiertem Backstein und puritanischen Rossifenstern hinaus als besseres Bewußtsein in den Alltag der Architektur hinunter, gegen den man sich einmal erhob?

Der moralische, pädagogische Furor scheint am Verrauchen. Die Ästhetik triumphiert. Der Hellenismus hat begonnen. Was bleibt von einer Zeit des Aufbegehrens?   d. b.

Schalterhalle

Fallbeschreibungen

Rino Tami: Die hohe Schule des Stahlbeton

Architekt Rino Tami

1

Rino Tami ist im Jahr 1908 in Monteggio geboren. Achtzehn Jahre später wird in Stabio die Hemdenfabrik Realini eröffnet: ein großes Fabrikationsgebäude in sogenannt lombardischem Stil, ein palastähnlicher Industriebau mit Resten dekorativer Ornamentik des Jugendstils, auf Eindruck und Auftritt angelegt in seinem Äußeren, im Innern ein großer Fabrikationsraum über zwei Geschosse mit umlaufenden Seitengalerien zur Überwachung der Arbeiter(innen) – ein Zweckbau, der auf Stil Wert legt.

Die Hemdenfabrik in Stabio ist im Atelier des Architekten Giuseppe Bordonzotti entworfen worden, und Bordonzotti ist der Onkel Rino Tamis. Hier hat Tami, wie sein jüngerer Kollege Tita Carloni erzählt, »den Geruch von Grafit und das Rascheln des Zeichenpapiers« zum ersten Mal verspürt, ist Tami in den Bannkreis der Architektur gekommen, als Jüngling, fast noch als Kind – und sogleich ist hier die Thematik eines Leben: Zweck mit Stil.

Es scheint, schon beim jungen Tami, nicht das tastende Suchen nach dem richtigen Weg gegeben zu haben; er ist zur Architektur früh und definitiv berufen. Und er ist, wie Mario Botta, wenn freilich auch auf ganz andere Weise, kein Akademiker, sondern ein Praktiker aus erklärter Leidenschaft.

Tami schrieb sich 1927, also mit neunzehn, in Rom an der Regia Scuola Superiore di Architettura ein, an einer Schule, die von Marcello Piacentini (1881–1960) geleitet wurde, einem Vorkämpfer der mussolinianischen Monumentalarchitektur, beteiligt als Architekt am Römer EUR, Autor des Hotels Ambasciatori, der Piazza della Vittoria in Brescia, der Via della Conciliazione in Rom, ein Vertreter des Monumentalbaus und des italienischen »Neoklassizismus« der dreißiger Jahre.

Man mußte nicht Antifaschist sein, um an dieser Schule als Nicht-Faschist, als Skeptiker (und »Ausländer«) zum Beispiel aufzufallen. Tami ist bald in die Schweiz zurückgekehrt – nicht ohne profitiert zu haben von den Kursen in Mathematik (Amaldi) und Physik (Severi), und im Gepäck die Begegnung mit der Kultur- und Architekturgeschichte Roms, der Begegnung mit Antike und Barock (und einem anderen tessiner Bau-Meister, Borromini . . .). Der römer Teil der Lehre war mehr als Ausbildung, nämlich Bildung, wie sie dann etwa in Tamis Vortrag über »Die Wahrheit in der Architektur« (1958) als Synthese von Fachkenntnis und Horizont fruchtbar wird; und mehr als Bildung, nämlich Lebensart, die den »gentiluomo« und seinen Umgang mit den Aufgaben seines Lebens auszeichnet.

Lange blieb Tami nicht in Rom. Zu Anfang der dreißiger Jahre schreibt er sich, nach einer Krankheit, die er selbst als (schöpferische) Krise deu-

tet, an der ETH in Zürich ein, bei Otto Rudolf Salvisberg (1882–1940) – und nennt den Wechsel ausdrücklich eine »Konversion«. Es ist die Wendung vom römischen Monumentalstil (von dem, nach Carloni, Spuren in Tamis Beitrag zum Wettbewerb für das Municipio in Locarno bleiben) zum »Zürcher Rationalismus«.

Als Fortführung von Gropius ein Bauhausgeist, in jenen Jahren noch nicht zu Architekturgeschichte versteinert, ist dieser Zürcher Rationalismus Modernität nach Zürcher Maß. Carloni: »Er war keineswegs der vorgeschobenste Punkt der europäischen künstlerischen Avantgarde, sondern er vermittelte, mit kompositorischer und konstruktiver Kompetenz, zwischen dem Formalismus des Rationalismus und den konkreten Forderungen des Wohnungs-, Klinik- und Industriebaus.« Man begegnet hier, zum ersten- aber nicht zum letztenmal, einer Lebensthematik des Rino Tami.

Es wäre aber ganz falsch, deswegen auf einen braven, angepaßten Poly-Studenten Tami schließen zu wollen. Die Berufung für das Praktische der Architektur, fürs Bauen, an dem sich Tami einmal im Atelier seines Onkels angesteckt hatte, hatte sich in der dünneren Luft der Hochschulen keineswegs verflüchtigt. »Ah«, sagt er noch heute, wie ein Genießer, »wer einmal von der verbotenen Frucht des Bauens gekostet hat . . . In der Schule spricht man über die Liebe, aber was man doch will, ist die Liebe erleben.«

Die verbotene Frucht war im Studio des Bruders, Carlo Tami, genossen worden, und die fortgesetzte Lust darauf kürzte die Studien in Zürich erheblich ab. »Man spürt, wenn man einmal die verbotene Frucht gegessen hat, mit wie vielen unnützen Dingen man sich in einer Schule befrachtet. Als ich, nach Rom und Krankheit, nach Zürich kam, sagte ich mir: Du armer Kerl, nun mußt du von vorn beginnen. Ich schrieb mich als Freifachhörer ein. Nach anderthalb Semestern und einem gewonnenen Wettbewerb habe ich die Sache in Zürich abgebrochen und bin nach Hause, ins Tessin, zurückgekehrt.«

Als Vorbilder nennt er heute: Salvisberg, Gropius, das Bauhaus. Und Gropius mehr als Person, denn als Architekt. Die Holländer. In Italien die Comasker Gruppe, vor allem Terragni. In Österreich Loos. Und überhaupt: alle Nicht-Ornamentalen. Frank Lloyd Wright. Es gilt für Tami der Grundsatz, daß man keinen Strich zeichnet, für den man keine Begründung hat.

Vorbilder, aber kein Akademismus. Als Tami von 1957 bis 1961 als Dozent an der ETH Zürich tätig ist, ist er nicht nur der erste Tessiner überhaupt, der eine ordentliche Professur der Abteilung für Architektur innehat (mit schier unabsehbaren Folgen für die »Tessinierung« dieser Abteilung bis auf den heutigen Tag . . .) – er ist auch der einzige Prof, der nicht einmal ein Diplom vorzeigen kann. Das ist an einer Hochschule, deren Lehrkörper immer etwas Knöchernes hatte (verweigerter Ehrendoktor für den ETH-Absolventen und Architekten Max Frisch . . .) schon eine richtige Sensation.

1929 war der Entwurf für das Municipio von Locarno aus dem Projektwettbewerb angekauft worden, 1931 errang Tami für die neue Kirche von Massagno im Wettbewerb den zweiten Preis, 1934 für ein Blindenheim in Lugano den ersten, 1935 drei Preise: Für ein Kinderheim der Gemeinde Lugano (1. Preis), für eine Propstei in Mendrisio (1. Preis) und für eine Gesamtüberbauung in Lugano-Sassello. Die Überbauung übrigens, unmittelbar hinter der zentralen

Piazza Riforma und der (welt-)berühmten Via Nassa, inzwischen ein internationales Einkaufszentrum für High Society und Jet Set, wurde mit einem zweiten Preis versehen und verschwand in den Schubladen der Administration. Sie hätte, mit ihrer gemäßigten, aus der lokalen Bautradition genährten Konzeption die brutale Irgendwo-und-Überall-Architektur der Spekulation verhindert, die nun als Via Motta den Altstadtkern von Lugano verunstaltet. Nun, Projektverfasser Tami war gerade 27 Jahre alt, ein verkrachter Student . . .

Der hatte, mit zwanzig, im brüderlichen Studio seine erste Fassade für ein Einfamilienhaus in Breganzona entworfen, eine zweigeschossige, quasi quadratische Front mit klassizistischem Eingang auf Mittelachse und vorgesetzter Portaleinfahrt, eine Fassade noch im Stil des italienischen Palazzo des Novecento – Kultur kommt von Kultur, das ist in der Architektur nicht anders als in den bildenden Künsten oder der Literatur.

Mit dreißig, als selbständiger Architekt zusammen mit dem Bruder in Lugano niedergelassen, hat er schon die ersten, zwischen einem gereinigten Heimatstil und einem moderaten Funktionalismus schwankenden Bauten hinter sich, Kirche und Kloster Sacro Cuore in Bellinzona (1936) und Einfamilienhaus La Piccionaia in Castagnola, ein dreigeschossiger schmaler Bau im Formkanon der tessiner Tradition, mit Bogen (Arkade!) und vorspringender Loggia im dritten Stock. Und er baut, mit genau dreißig, das Grotto Ticinese im Dörfli der Zürcher Landesausstellung von 1939, ein Tami-Grotto auf dem Höhepunkt des Heimatstilgewabers!

Es lohnt sich, die Fotos von Tamis Grotto (in Rino Tami: 50 Anni di Architettura. Lugano 1984) etwas ge-

**Kirche und Kloster »Sacro
Cuore« in Bellinzona, 1936
(links und unten).
Innenansicht des Grotto
Ticinese an der Landes-
ausstellung 1939 (rechts)**

nauer zu betrachten. Sie zeigen einen
hohen, lichten Raum mit umlaufender
Estrade auf halber Höhe, ein Dach mit
sichtbarer Balkenkonstruktion, hohe
seitliche Fenster und einen verglasten
Bogen zum Eingang hin, Balkonbrü-
stungen aus Holz. Ohne Zweifel: Heimatstil, aber von einer lichten, sozusagen unsentimentalen Art. Die Formen
der Heimat – Bogen, solide Mauern,
Holzkonstruktion in der Vertikalen,
Tonplattenboden –, aber in einer offensichtlich »künstlichen« Komposition: hier wird nicht die muffige Höh-
lenambiance der tessiner Grotti repro-
duziert (die dort, wo Wein und Le-
bensmittel kühl gehalten werden sollen, durchaus ihren Sinn hat), hier
wird mit Elementen der tessiner Grammatik ein großzügiges Ausstellungs-
restaurant zusammengebaut. Heimatstil, ja, jedoch frei von den sattsam bekannten Irrationalismen der Epoche,
Stil mit Zweck.

Der Fünfundsiebzigjährige, be-
fragt zu jenem Jugendwerk: »Heimatstil im engern Sinn ist das für mich

**Detail des Kraftwerks
Lucendro bei Airolo, 1946**

nicht. Aber jede Architektur hat ihre Wurzeln; tessiner Architektur ist eine Blume, die so nur im Tessin blüht. Es gibt das nicht in der Sahara, verstehen Sie, solche Blumen brauchen einen Ort, eine Landschaft, ein Klima. Ich habe auch versucht, den Geist dieses Landes zu verstehen, seine Sprache zu lernen und sie anzuwenden, und versucht nicht vorzugehen nach dem einzigen Grundsatz des ›Epatez le bourgeois‹. Das machen die Furbi, die Schlitzohren. Man muß auch aufnehmen können, was gültig und beständig ist. Eine Mauer aus Backstein: gültig wie vor tausend Jahren. Ich bin gewiß auch in der Theorie des Bauhaus verwurzelt, aber hier hatte ich ein Grotto zu bauen, und das ist die Sprache des Tessin: Mauern, Bogen, Raum. Es ist ja eigentlich ein Restaurant, und erst noch eins für Deutschschweizer. Die Frage bleibt, was ist ›tessinerisch‹? Um sie zu beantworten, müßte man die einzelnen Objekte betrachten, Haus für Haus.«

2

Zwischen den hohen Bäumen, den blühenden Rhododendronbüschen, ein paar Schritte vom Seeufer, steht am Rand des luganeser Parco Ciani Tamis »Biblioteca cantonale«. Vielfach publiziert als Markstein in der Geschichte nicht nur der tessiner Architektur, ist man überrascht, wie intim und wie körperhaft gedrungen der Bau wirkt, wenn man erst einmal vor ihm steht. Die Vegetation hat Tamis Konstruktion in sich aufgenommen; trotzdem fällt sofort auf, mit welcher Geste sich der Bau vom See abwendet; in diesem Bau geht es ja nicht um Aussicht, sondern um Einsichten; diesem Zweck folgt sein Stil.

Vom See her kommend fällt sofort das Rundfenster auf, das einem in diesem Land spätestens bei Botta wieder begegnet; von der Straßenseite springt natürlich die hohe Außenwand des Büchermagazins aus Glasziegeln ins Auge, ein anderer Baustein des Bauhaus-Alphabets, der wieder in hohen Ehren steht. Schnörkellose Fensteröffnungen, ein klar plazierter Eingang; innen geometrisch klare Räume in einem angenehmen Größenverhältnis zum Benützer; die hoch elegante Wendeltreppe in den ersten Stock, die alle jüngeren treppenbegeisterten tessiner Architekten während Jahren gesehen haben und sozusagen als Muttertreppe verehren müßten; der lichte und auch formal ruhige Lesesaal von innen, in dem man jetzt bemerkt, daß auch hier die Stuhlreihen an den Tischen vom See abgewandt sind – durch die hohen Seitenfenster fällt ein durch viel Grün gefiltertes, helles Licht. Der ganze Bau, den man trotz Raffinement im Detail in seiner Struktur rasch versteht, atmet etwas Pionierhaftes und hat einen spröden Charme (was man von der unmittelbar benachbarten Brutalo-Architektur des Liceo-Neubaus von Pagnamenta gewiß nicht sagen würde); es ist der Charme einer architektonischen Setzung, die durch ihre Nüchternheit bestrickt, durch ihre Bescheidenheit imponiert.

Tamis Biblioteca cantonale ist 1937 konzipiert (und im entsprechenden Projektwettbewerb, an dem auch Terragni teilnahm, mit dem 1. Preis ausgezeichnet worden), 1940 wurde sie eingeweiht. Sie ist sozusagen die Kehrseite des Landidörfli, nämlich jene Moderne, die 1939 am andern Ufer des Zürichsees ausgestellt war; sie ist einer der Merkpunkte des bauhausinspirierten Neuen Bauens in der Schweiz; und sie ist die eine entscheidende Wendemarke im Werk und im Denken Rino Tamis. (Es ist evident,

daß die seit langem ins Auge gefaßte Erweiterung nur nach dem Konzept Tamis vor sich gehen kann).

Eine Biblioteca cantonale in dieser Form war alles andere als selbstverständlich. Alberto Sartoris, Doyen der wenigen übriggebliebenen Gropiusschüler, berichtet in der Tami-Monographie (1984): »Ungefähr im Jahr 1938, als ich mit Tami in Verbindung trat, um mir ein genaueres Bild über die rationalistische Architektur im Kanton Tessin zu machen, fand ich keinen andern Erneuerer oder wirklich zeitgenössischen Baumeister, der mit ihm zu vergleichen gewesen wäre oder der ihm auch nur von fern hätte folgen können. Er war wirklich allein.«

Das Echo auf die Bibliothek war dementsprechend. Noch vor Baubeginn hatte Francesco Chiesa es fertiggebracht, daß der ursprünglich an der Viale Cattaneo geplante Bau näher zum See, und damit weiter aus den Augen der Straßenbenützer verpflanzt wurde, angeblich um ein paar Zedern zu schonen (1939!), die dem Bau hät-

Die »Biblioteca Cantonale« in Lugano, 1940

**»Biblioteca Cantonale«,
Glasbausteinfassade des
Büchermagazins**

ten weichen müssen. Wenig später
baute der Sohn Chiesas an dieser
Stelle eine Turnhalle. Von anderer
Seite erhob sich Protest gegen den
Beton (der hier übrigens noch eine
unregelmäßig grobkörnige, sozusagen handwerkerliche Struktur hat); im
Parco Ciani sei eine »häßliche Eisen-
betonschachtel« aufgerichtet worden,
schrieb der Corriere del Ticino. Man
beckmesserte an der schlichten, einfachen Form herum und bezeichnete sie
als germanischen Nützlichkeitswahn;
jemand verstieg sich sogar zur Hypo-
these, das Flachdach habe eine ver-
steckte bolschewistische Bedeutung.

Tami seinerseits hatte schon früher in einer Studentenzeitung gegen
den Verputz polemisiert, der oft nichts
anderes als der Komplize für architektonische Fälschungen sei, der »Putz,
der verdeckt, ausgleicht und alles ver-
birgt.« Und er ging so weit, ein Verbot
zu fordern, »zu untersagen für eine bestimmte Zahl von Jahren die Anwendung von Verputz auf Fassaden und
jeder andern Verkleidung, sprich Tar-

nung.« Bei Tamis notorischem Hang
zur Mäßigkeit und zum Maß – Qualitäten, die in schönster Weise an der Biblioteca zum Ausdruck kamen – ist aus
soviel böser Ironie des Dreißigjährigen
die Bewegtheit einer Zeit zu verspü-
ren, die alles ablehnte, was »un-
schweizerisch« war: die Schweiz war
auch geistig »wegen Mobilisierung
geschlossen«. Und sie ist es, in bestimmter Hinsicht, bis heute geblieben.

Wer als Künstler lebt, wehrt sich.
Tita Carloni schreibt über Tami: »Be-
zeichnenderweise lautet der Titel jener
Polemik ›Die geweißten Gräber der
Architektur‹. Einen Schritt weiter ging
der 1946 im ›Werk‹ publizierte ›Brief
aus dem Tessin‹, in dem Tami eine
Lanze brach für einfache geometrische Formen, für den rechten Winkel,
gegen die stumpfen und spitzen Winkel, gegen die unterbrochenen Linien
und die aufgeweichten Kurven, die in
der schweizer – und insbesondere in
der deutschschweizer – Architektur als
Reaktion auf die weißen Schachteln

des militanten Rationalismus einerseits und des rhetorischen Monumen-
talismus der eben zu Ende gegange-
nen dunklen Jahre in Italien, Deutschland und Frankreich andererseits vor-
herrschten.«

Noch während des Krieges baut
Tami Arbeiterwohnhäuser in Lugano –
er ist als einer der ganz wenigen neuen
tessiner Architekten immer wieder im
Mehrfamilienhausbau tätig gewesen
und hat auch mit Wohnhochhäusern
Erfahrung –, baut ein erstes Einfamilienhaus in Viganello, bei Kriegsende
das Kraftwerk Lucendro bei Airolo.
Eine fruchtbare, vielleicht sogar hekti-
sche Phase folgt: Einfamilienhäuser in
Ronco s. Ascona, Sorengo, Luino,
Maroggia, Chiasso, Mehrfamilienhäuser in Lugano, Industriebauten in Bi-
ronico, Avegno und Viganello, ein
Bauerngehöft in Novazzano, schließlich 1956 das Cinema Corso samt
Wohn- und Büroblock in Lugano,
1957 die Zolladministration, alle in
Lugano.

Die Materialien Beton und Backstein, die Anstrengung zur klaren Form
und zur Zweckmäßigkeit werden hier
in vielfach sich wandelnder Form erprobt. Doch diese Bauten tragen auch
die Züge der Zeit, manchmal wie Stig-
mata: das verschwommenere (»organische«) Design der Nierentischzeit
etwa oder die rücksichtslose Groß-
spurigkeit des Baubooms. Die nüch-
terne Delikatesse der Biblioteca wird
kaum mehr erreicht; das Geld, das nun
auch via Architektur in Umlauf kommt,
der aus allen Nähten krachende
Schmerbauch des Kapitalismus, der
besonders im Tessin in kürzester Zeit
alle Verhältnisse verändert und die traditionelle Ordnung, das Maß auf allen
Ebenen der Gesellschaft zerstört, hinterlassen auch in der Architektur eines
Tami ihre Spuren. Es ist die Zeit, in der
der »boom edilizio« ungebremst um

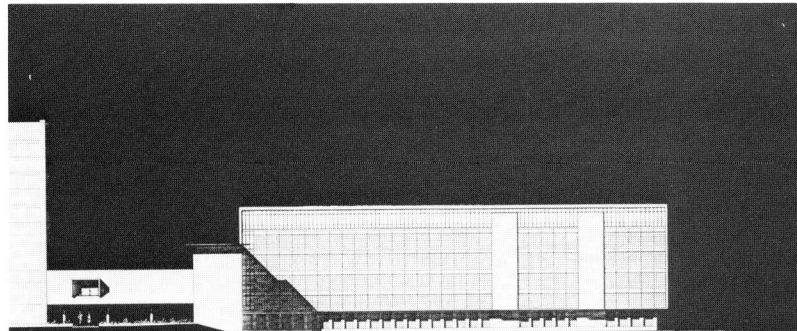
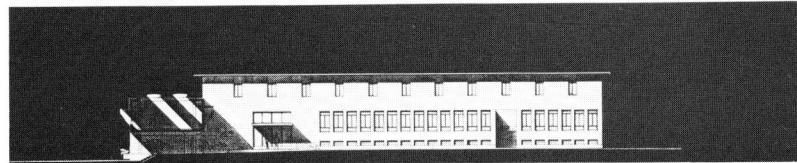
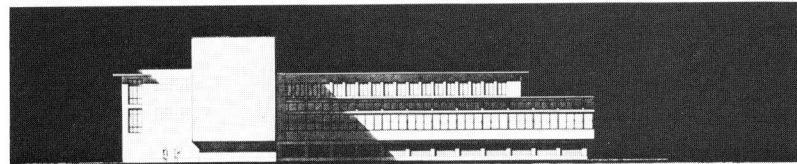
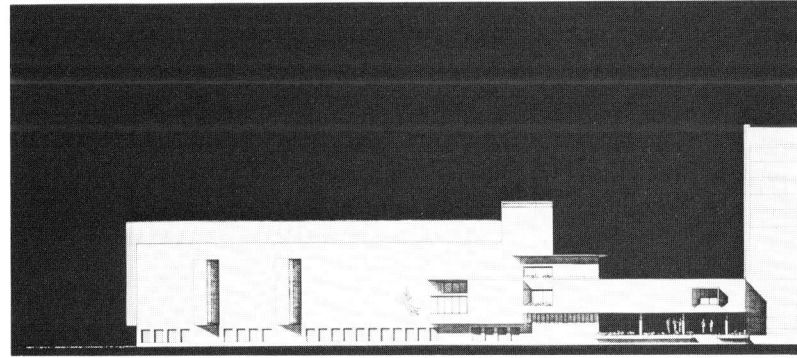

sich greift, ein rasend sich ausbreiten-
des Krebsgeschwür, architektonisch
die schamloseste germanisch-toska-
nische Bastardisierung, eine Grund-
welle des schlechten Geschmacks und
der wütenden Besitzergreifung der
Landschaft, die einen Tami, der sich
gern einen »guten Verheirater« nennt,
der Sorgfalt anwendet bei der »Hoch-
zeit zwischen Landschaft und Architektur«, überspülen.

Aber dennoch hat Tami die Kraft,
sich auf Grundsätze des Bauens philo-

**»Biblioteca Cantonale«,
Architektenentwürfe**

Wohnhochhaus »La
Torre«, Lugano, 1957

Wohnblock in Lugano,
1955

Wohnblock in Lugano,
1955

Haus »Cinema Corso«,
Lugano, 1956

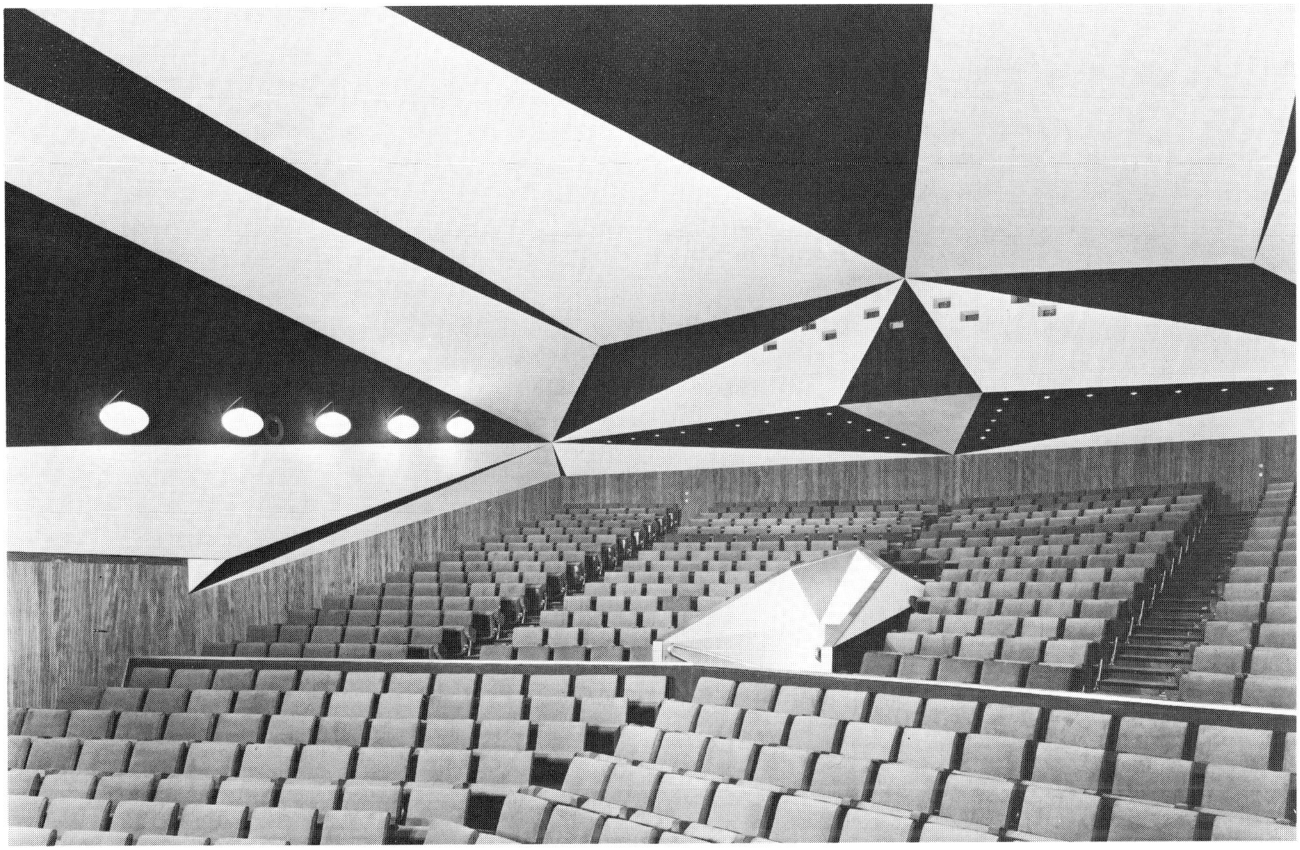

»Cinema Corso«,
Innenansicht

Lagerhaus der Maggia
SA., Avegno, 1953

**Ferienhaus in Maroggia,
1957**

**Einfamilienhaus in
Sorengo, 1961**

**Einfamilienhaus in
Sorengo, 1963**

**Einfamilienhaus in
Sorengo, 1950**

sophisch zu besinnen. Seit 1957 ist er Dozent an der ETH, am 18. Januar 1958 hält er, auf Italienisch, seinen Vortrag über »Die Wahrheit in der Architektur«. An einem kalten Morgen die Glut eines Architekten, der nicht vergessen hat, nach den Prinzipien seiner Arbeit zu suchen.

Tami, indem er sich fragt, woran Produkte der Kunst zu messen seien, wenn nicht an ihren eigenen, inhärenten Gesetzen, stellt seinen Ausführungen Platons Wort voraus, wonach »das Schöne der Abglanz des Wahren« ist. Was aber ist Wahrheit in der Architektur? Wahrheit ist ja vielfach historisch-gesellschaftlich bedingt; so enthalten die ägyptischen Pyramiden eine Wahrheit über den Sklavenstaat, ohne den sie nicht möglich gewesen wären, die Tempel Griechenlands zeugen von der Freiheit der Polis und der Schaffensfreude der Handwerker, während man zum Beispiel die Kuppel von Renaissance und Barock als Ausdruck der Monarchie deuten könne. Und im Entwurf der Bauhaus-Anlage sieht Tami den Vorgriff auf eine demokratisierte Gesellschaft: so und nicht anders sei das Miteinander mehrerer gleichrangiger Gebäudeteile zu deuten.

Wahrheit, schließt Tami, und daraus folgend Schönheit des architektonischen Werks ist dreifach zu definieren: 1) als Relation zum Ort, an dem das Bauwerk steht, 2) als Relation zur Zeit, in der es geschaffen wird, und 3) als Ausdruck der Persönlichkeit, die das Werk, das als Kunstwerk definiert ist, konzipiert.

Mitten in der Zeit des Baubooms und der schnellen Architektur wendet Tami sich in diesem ETH-Referat gegen das billige Préfabriqué: Zwar hätten die von der Industrie neu zur Verfügung gestellten Mittel die Möglichkeiten des Architekten erweitert – aber die Architektur gefährdet: »die Vorfertigung in großer Serie, das standardisierte Haus, das Typenhaus, das alles setzt einen standardisierten Menschen voraus, den Typenmenschen: das Produkt aus dem Labor, das Huxley treffend und ironisch in ›Brave New World‹ beschrieben hat.« Stil, auch Stil einer Epoche, und Individualität müssen sich nicht ausschließen, sagt Tami, schließlich »ist das Barock eine Sache in Rom, eine andere in der Lombardei und eine andere gewiß doch in Bayern.«

Auch die rationalistische Architektur sei nicht einfach definiert durch die Einführung des Eisenbetons und des Stahls im Hochbau. »Das ist eine irreführende, materialistische Identifikation: weder die Wahrheit der Konstruktion noch die Wahrheit der Funktion reichen aus um Stil und Glanz eines architektonischen Werks zu bestimmen.«

Die Wendung gegen die krude Exemplifizierung des rationalistischen Gedankens in Stahl und Beton ist eine typische Wendung des moderaten und kultivierten Tami. Für die Entwicklung einer »neuen tessiner Architektur« von fundamentaler Bedeutung hingegen ist die Re-Inthronisierung des Künstlers, seines Temperaments und seiner moralischen Verantwortung über die Ästhetik hinaus. Hier zeigt sich, in welcher Art Tami Vorläufer und Lehrer für andere war.

Bezeichnet die Biblioteca cantonale eine biografische Umbruchstelle im Werk des Architekten, so ist dieser Vortrag eine Umbruchstelle für die tessiner Architektur; es ist auch zeitlich der Punkt, an dem Architekten wie Carloni, Snozzi, Mina, Andina, Brivio, Brocchi, Ponti, Camenisch mit der Arbeit beginnen.

Vier Jahre später steigt Tami wieder vom Katheder herunter und kehrt ins Tessin zurück. Er beschäftigt sich mit großen Vorhaben: Der Kapelle der Klinik S. Anna in Sorengo (1964), dem Sitz des Radio della Svizzera Italiana in Lugano (1964), dem ins Urbanistische ausgreifenden Projekt für ein Neubauquartier in Lugano, der Kirche Cristo Risorto in Lugano (1976) und dem Hallenbad der Gemeinde Lugano (1978).

Ein Jahr aber nach der Rückkehr in die tiefgreifend und definitiv veränderte Heimat setzt die Berufung zum architektonischen Berater für die Autobahnen im Kanton Tessin die zweite markante Zäsur in der Laufbahn des Architekten Rino Tami. Im Alter von 54 Jahren wird er vor die wohl größte Herausforderung seines Lebens gestellt. Und in der Art, wie er sie angeht, eröffnet er ein neues Kapitel in der Geschichte der Architektur schlechthin.

3

Die Büros der Architekten Tami, Vater und Sohn, befinden sich in einem Mehrfamilienneubau in Sorengo vom Anfang der sechziger Jahre, Architektur von Rino Tami, selbstverständlich.

Ein Büro bescheidener Ausstattung; lediglich hinter dem Schreibtisch des Vaters hängt ein kleines Vermögen: fünf Radierungen des großen Architekten und Zeichners Piranesi: vier Ansichten des barocken Rom, daneben jenes berühmte Hochformat, auf dem Piranesi, süchtig nach den Ursprüngen des antiken Rom, sich in die Fundamente der Engelsburg hinunterdenkt, sich vorstellt und allen Liebhabern und Verächtern Roms vor Augen führt, auf welch gewaltigen Quadern – Zeichen ewiger Festigkeit – die Antike gebaut war.

Das Merkwürdige ist, daß der um dreihundert Jahre nachgeborene Architekt in gewissem Sinn das Umgekehrte unternommen hat: er hat einem Bauwerk, dem man säkulare Dauer nicht wird absprechen können, über den Fundamenten einen architektonischen Ausdruck gegeben, der Funktionalität mit Grazie verbindet – soweit das Material Beton sich zu Grazie hergibt. Piranesi hatte eine Selbstverständlichkeit frag-würdig gemacht, indem er über das Fundament nachdachte; Tami setzt die Selbstverständlichkeit außer Kraft, daß eine Autobahn reine Ingenieursarbeit ohne architektonischen Belang sei.

Indem der Kanton Tessin Tami als Berater beim Bau der Autobahnen

Südportal des Gotthard-straßentunnels in Airolo

hinzuzog, als ästhetischen Verantwortlichen für 120 Kilometer Beton von Chiasso bis Airolo, der größten Bauinvestition, die der Kanton jemals getätigt haben wird – mit diesem Beschluß hat sich der Kanton an die Spitze der Avantgarde katapultiert, mindestens was diesen Sektor des Bauwesens betrifft: Er schuf zwischen Palermo und Hamburg die Rarität einer ästhetischen Reflexion beim Autobahnbau.

Während Jahrzehnten und bis zum heutigen Zeitpunkt hat man geklotzt, ohne zu denken, war bestenfalls die Statik der Ratgeber der Ästhetik; während Jahrzehnten hat man Unsummen verbaut, ohne daran zu denken, daß man mit Straßenbauten, nämlich mit Galerien, Viadukten, Tun-nelportalen, Überführungen, Kreuzungen, Auf- und Abfahrten notgedrungen auch Architektur betreibt. Hat man sich diese Tatsache einmal bewußt gemacht, sticht der Unterschied sogleich ins Auge: etwa zwischen der Gotthard-Nordstrecke samt den Betonschachteleien von Göschenen, und der Südstrecke, angefangen von dem hoch eleganten Tunnel-Südportal bis zu der relativ mäßigen, jedenfalls formal kontrollierten Stützmauerpartie über dem südlichen Luganersee.

Es ist, hat man erst einmal kapiert, was Architektur zum Autobahnhochbau beizutragen hätte, schlechterdings unverständlich, wie man Milliarden hat verpulvern können, unter der berechtigten zunehmenden Kritik von seiten des Umweltschutzes, ohne mit Hilfe von Architektur die ästhetischen Schäden wenigstens zu begrenzen. Kein Wunder, daß Tami heute sagt, die Arbeit für die tessiner Autobahnen sei ihm »wie die Eroberung eines neuen Kontinents, als ein absolut neues Thema für die Architektur« vorgekommen. »Es macht mir nachträglich nichts aus, wenn ich dafür andere Dinge habe opfern müssen. Wenn ich nicht mehr Einfluß auf einzelne Häuser gehabt habe. Ein einzelnes Haus verdirbt weniger als ein Bauwerk wie die Autobahn, die zudem von Millionen von Menschen während sehr langer Zeit gesehen wird. Also war diese Arbeit wichtiger als die Aufgabe, ein paar Häuser mehr zu bauen.«

In den fünfziger Jahren war in Italien Bruno Zevis rabiate Kritik am italienischen Autobahnbau, insbesondere am (die Schweiz besonders interessierenden) Apennin-Trakt Bologna–Florenz erschienen. Zevis Kritik an der Zerstörung der Umwelt durch gedankenlose Ingenieursklotzereien mündete in die Forderung, auch den Bau einer Autostrada als umgreifendes Problem zu betrachten, mithin auch als Problem der Architektur.

Zevis Polemik fand im Tessin zwei aufmerksame Leser: den Architekten Rino Tami und den aufgeschlossenen Regierungsrat Franco Zorzi. Zorzi als Baudirektor brachte Tami als architektonischen Berater für den tessiner Autobahnbau ein, als Berater, nicht als verantwortlichen Chefarchitekten, was immerhin zu der Einschränkung führte, daß der Architekt stets ausgeschlossen werden konnte, wenn der Ingenieur etwas für »unwichtig« hielt. Tami: »Aber an einem Kunstwerk, und die Autobahn war nun auch unter solchem Aspekt zu betrachten, gibt es keine unwichtige Kleinigkeit, jede sogenannte Kleinigkeit ist gleich wichtig für das Ganze.«

Immerhin: Tami war in die Lage versetzt, ein paar grundsätzliche Entscheide zu treffen. Er schlug vor, für sämtliche Kunstbauten dasselbe Material zu verwenden, nämlich Eisenbeton, für wiederkehrende Bauteile – Brücken, Unterführungen, Stützmauern – einen einheitlichen Bautyp zu kreieren und schließlich für die einzeln notwendig werdenden Hochbauten – Lüftungszentralen, Tunnelportale, Viadukte – der Gestalt des Orts entsprechend jeweils spezifische Lösungen zu finden.

Nach jenem Grundsatz, daß bei einem künstlerischen Werk jede Kleinigkeit gleich nah zur Idee des Ganzen sei, entwarf und verbesserte Tami viele der Kunstbauten und war sich auch für

Belüftungszentrale am Ausgang des Tunnels in Airolo

Oberflächenkonstruktion am Belüftungsschacht in »Motto di Dentro«, als Lawinenverbauung ausgebildet

das Design der WC-Anlagen nicht zu schade – womit nun selbst das Örtchen für Architekturtouristen besichtigungswert wird. Auch ohne Ironie: Die Rastplätze zwischen Airolo und Chiasso gehören zu den angenehmsten des Schweizer Netzes.

Da Tami »beratend«, nicht aber »verantwortlich« war, ist sein Beitrag an die N 2 nicht immer gleich erfolgreich gewesen. Ein Architekt, den man beizieht, wenn etwas schiefläuft, oder wenn etwas zu verbessern ist, kommt in der Regel zu spät. »Man kann auch nicht an einem verpatzten Anzug da und dort ziehen«, sagt der samt Brusttuch klassisch gekleidete Architekt, »und dann glauben, jetzt sitzt er.«

Die neue Paßstraße über den Gotthard, die sich bei Airolo aus einem kruden Gewirr von Betonbändern entflicht und, weithin sichtbar, sich den Berg hinaufgräbt, hat er nicht mehr verhindern können. »Dabei ist die Straße total überflüssig, was man immer dann sieht, wenn sie geschlossen wird: kein Mensch merkt es. Die alte Tremola hätte für den Verkehr nach Eröffnung des Tunnels vollständig genügt.« Die Straße ist sehenswert: als Denkmal einer zynischen Landschaftszerstörung.

Das Viadukt in der Biaschina, das sich, 360 Meter breit, über den Ticino bei Lavorgo legt, in schwindelnder Höhe, bestaunt von den Bahnpassagieren, die sich in mehreren Kehren und Kurven unter ihm emporschrauben, dieses Viadukt, das auf Riesenstelzen über das Tal setzt, hätte Tami auch gern anders gesehen. Er hat, unter den Lösungen des seinerzeitigen Projektwettbewerbs, jenen Vorschlag favorisiert, der ohne Stützen ausgekommen wäre, der einen einzigen Bogen über die Schlucht geschlagen hätte, »eine Sensation, ein Unikum wäre das gewesen, die größte Vorspannbrücke der Welt, und wie schön . . .«, sagt Tami noch heute, fast träumerisch, während er den Bogen mit dem groben Filzschreiber aufs Papier zeichnet. »Schauen Sie: ein junger, beweglicher Mann macht einen Sprung, wenn er einen Bach überquert; erst der alte, gehbehinderte macht kleine Schrittchen. Der Sprung ist eine beherzte Geste, aber was wir heute in der Leventina haben, ist primitiv. Die Neger, die bauen eine Brücke so, daß sie Pfähle einrammen und Bretter drüber legen . . .« Wie auch immer: der Bogen scheiterte am Einspruch der Geologen. Das Projekt der Ingenieure Grignoli und Martinola, das zugleich technische wie ästhetische, statische wie architektonische Bedingungen optimal ausgeschöpft hätte, wurde verworfen: zu wenig Festigkeit im talseitigen Untergrund, so zumindest die Meinung eines Teils der Experten.

»Das Tessin ist eben nicht so solid, wie man denkt«, sagt Tami, »nicht einmal dort, wo es aus Granit ist.«

Es ist vielleicht nicht ganz sinnlos, an den nicht vorhandenen Bogen zu erinnern. Seine Geste – die Geste einer Architektur als Artefakt, die sich in einen deutlichen Gegensatz zur Landschaft stellt und diese Landschaft gleichzeitig schont – diese Geste hätte jene andere, inzwischen zig-fach ausgeführte Demonstration der jungen tessiner Architekten schon in der Leventina vorweggenommen, die mit ihren Häusern zeigen, daß Architektur eine Setzung sein will. Und der nichtvorhandene Bogen erinnert an Mario Botta und dessen Erinnerung an Heidegger, nach dem die Brücke über einen Fluß eine Landschaft in einen Ort verwandelt. Was man heute sieht in der Biaschina, ist freilich weniger als das: nur die Zerstörung einer Landschaft. Architektur im Autobahnbau hätte genau diesen Sinn: die Zerstörung der Umwelt im Idealfall zu reduzieren auf die Gestaltung des Verhältnisses von Artefakt und Landschaft. Es ist die Leistung Tamis, daß dies in vielen Fällen gelungen ist.

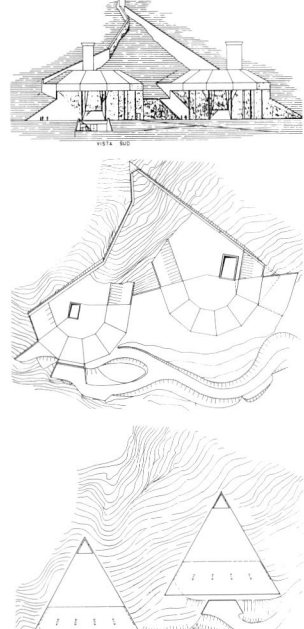

Skizzen zum Entlüftungsgebäude »Motto di Dentro«, oben Vorstudien der Ingenieure mit Lawinenschutz, unten die Lösung des Architekten

Nordportale am »Viadotto di Sciaresc«

Nordportal am »Viadotto della Biaschina«

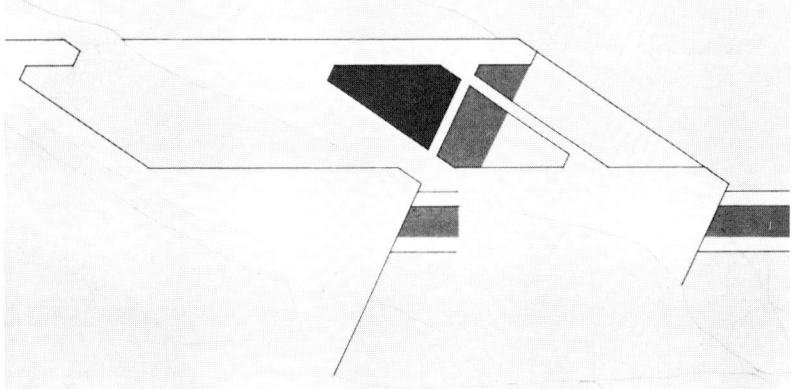

Das Portal des Gotthard-Straßentunnels kündet als Meisterstück von Tamis Fähigkeit, das technische Problem mit der elegantesten (und meist sparsamsten) architektonischen Lösung zu »verheiraten«. Die auskragenden Mündungen einzelner Tunnels in der Leventina, luftiges Betonfiligran statt plumper Verbauungen, können den Automobilisten das Staunen lehren — wenn er die alte Kantonsstraße benützt und zur Autobahn hinüberschaut. Die Lüftungszentrale

über dem Südportal des Melide-Grancia-Tunnels unmittelbar vor dem Damm von Melide kann als einzigartig gelten in ihrer formalen Raffinesse — aber auch in dem Höchstmaß der Bemühung, so viel wie möglich von der technischen Installation in den Berg hinein zu verlegen, wo sie niemand stört. Das Bauwerk ist übrigens bald so zugewachsen mit Vegetation, daß in Kürze nur noch die elegante Betonnase, die der optischen Trennung der beiden Verkehrsrichtungen dient, sichtbar sein wird.

Ein anderes bemerkenswertes Bauwerk, das nur die wenigsten je sehen, steht auf dem Motto di Dentro: eine Lüftungszentrale über dem Tunnelschacht. Die Ingenieure hatten vor, eine pavillonähnliche Anlage auf Stelzen zu bauen, gegen Lawinenniedergänge geschützt durch eine Ableitungsmauer, die sich den Hang hinaufgezogen hätte. Tami reduzierte das Bauwerk, in mehreren Schritten, in ein einziges Objekt, das zugleich beiden Zwecken dient: dem Luftaustausch und dem eigenen Schutz. Ein schönes, klares Dreieck, mit seiner Dachschräge in den Hang eingepaßt, das kraft seiner äußeren Form selbst als Lawinenschutz wirkt – ein Beispiel dafür, wie technische, ökonomische, ästhetische Anforderungen in einer solchen Lösung auf einen Nenner kommen. Denn die Lüftungszentrale ist nicht nur schöner und ebenso funktionstüchtig wie die ursprüngliche, rein ingenieursmäßige Lösung, sie ist auch billiger. Tami schätzt, daß durch seine Modifikation an diesem Objekt allein 700 000 Franken eingespart worden sind; »es ist nicht wahr«, sagt er, »daß die schöne Autobahn mehr kostet, sie kostet weniger, und das muß man laut sagen.«

Möglicherweise wird man eines Tages den Bau der gesamten Autobahn über den Gotthard, wie aller andern Autobahnen, als gravierenden Fehler betrachten, die »gute Form« seines Südtrakts hin oder her. Beim Bau war aber die politische Tatsache maßgebend, daß die Landschaft Tessin mit der Restschweiz eine wintersichere, schnelle Verbindung haben sollte (von Süden nach Norden, nicht umgekehrt!). Da sie nun einmal gebaut wurde und eine radikale Alternative (Bahn!) nicht denkbar war, ist es zu begrüßen, wenn sie gut gebaut wurde.

In diesem Sinn darf man, für einmal, sogar einen Lobegesang auf den Beton akzeptieren. Tita Carloni schreibt über die Verwendung des Stahlbetons durch Tami: »Den letzten Zwick einer langen Geschichte mit diesem Material verdanken wir Tami und seinem Gotthard-Südportal in Airolo. Hier ist man weit entfernt von jenem Pomp, den manche monumentalen Portale, viele davon in Italien, zelebrieren, welche die Form des Triumphbogens wiederaufleben las-

Tunnelportale im Südtrakt der N2

sen, weit entfernt von der technologischen Pseudokühnheit solcher Portale wie dem des französischen Sankt Bernhard. In Airolo haben die technischen und statischen Vorgaben eine Gestalt hervorgebracht, die zugleich kühn und maßvoll ist, ein überraschendes Spiel von hellen Flächen und Schatten, unterworfen einer strengen Geometrie. An diesem Punkt hat es keinen Sinn mehr, von Schulen, Tendenzen, Bezügen zu anderen zu sprechen. Dies ist ein in sich geschlossenes Werk, in dem man den langen Weg erkennt, den dieser Architekt in ständiger Auseinandersetzung mit seinem Werkstoff gegangen ist, dem Eisenbeton.«

Wiederum: Architettura razionale. Während im Tal unten die Denkmäler des neuen Individualismus – und manchmal auch: der neuen Eitelkeit – die Hänge sprenkeln, wird hier und ausgerechnet an einer Autobahn und manchmal mit einem so bescheidenen Objekt wie einem Salzsilo (Airolo) Maß, Nüchternheit, Mäßigkeit als Grundlage einer zeitgemäßen Äs-

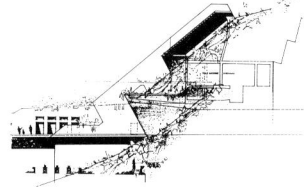

Südportal des Tunnels Melide-Grancia

thetik demonstriert. Hier zeigt der Moderate, inzwischen ein Mann in den Siebzigern, noch einmal die Hohe Schule der vernunftbedingten Ästhetik.

Mit den jungen Tessinern verbindet ihn unter anderem die Fähigkeit und das Vergnügen, in kulturhistorischen Dimensionen zu denken. Und vielleicht ist der alte Mann der modernste von allen. »Es geschehen ja seltsame Dinge«, sagt er da in seinem Büro. »Als man vom Pferd zum Automobil wechselte, brauchte man zwanzig oder dreißig Jahre, um zu begreifen, daß das Auto sich nicht wie ein Pferd verhält. So lange nämlich baute man Ställe für Autos, Garagen. Dabei hätte ein Dach gegen Regen und Sonne genügt. Man brauchte zwanzig

oder dreißig Jahre, um zu verstehen, daß sich ein Automobil nicht wie ein Pferdegespann mit Wagen verhält: so lange ging es mindestens, bis die Steinpfosten am Straßenrand abgeschafft waren, die einmal die Wagen gegen das Abrutschen gesichert hatten und an denen sich nun die Motorradfahrer die Köpfe einrannten. Es sind dies geistige Verspätungen, die bemerkenswert sind. Aber es gibt sie in der Geschichte der Menschheit immer wieder. Eine solche Verspätung ist für mich eine Autostrada ohne ästhetische Dimension. Man hat lange einfach nicht daran gedacht. Und man denkt größtenteils immer noch nicht daran. Und das ist schlimm.«

Im übrigen mag er nicht so gern die eigene Arbeit erklären. Man könne

mit den schönsten Ideologien der Welt die größen Scheußlichkeiten begehen, geschehe das nun im Namen des Christentums oder des Marxismus. Was zähle, sei das, was man als Person in einem bestimmten historischen Moment an einem bestimmten Ort mache. »Ein Architekt, ein alter Architekt ganz besonders, spricht mit seinen Werken. Wenn die Werke nicht sprechen, dann hilft auch nichts, wenn er redet.«   d. b.

Tita Carloni: Eine Piazza für die Architektur

Architekt Tita Carloni

1

»Was den mondänen Erfolg an-
betrifft, so habe ich eigentlich eine
umgekehrte Karriere gemacht. Ich
habe ziemlich weit oben angefangen
und jetzt mache ich halt so meine Sachen.«

Tita Carloni, im Tessin ebenso bekannt für seinen inzwischen ergrauten
Seehundschnauz wie für seine rebelli-
sche Grundhaltung und seine sarka-
stischen Bemerkungen, lebt und arbeitet in Rovio, hoch über dem Luganersee, wo er inzwischen auch sein
Studio hat. Dort wurde er 1931 geboren, genoß eine streng-katholische Erziehung und engagierte sich als Ju-
gendlicher in der christlich-sozialen
Gewerkschaftsbewegung. Als 24jäh-
riger schloß er an der ETH in Zürich bei
H. Hofmann sein Architekturstudium
ab und war, wie praktisch alle seiner
Generation, auf den Funktionalismus
und Rationalismus der dreißiger und
vierziger Jahre eingeschworen: »Man
baute mit Backsteinen und Holz nach
sauberen, soliden Bauregeln und mit
einem gesunden Sparsinn, wie es sich
für Schweizer gehört.«

Man sieht solche Tugenden auch
dem Haus in Pregassona an, das er
1957 für sich selbst gebaut hat. An
einem Steilhang mit Aussicht auf den
Golf von Lugano ist es auf zwei Ebe-

**Einfamilienhaus in
Pregassona, 1957,
Umbau 1961**

nen organisiert, auf der untern als Architekturstudio, auf der obern als Wohnhaus. Die Grundstruktur ist in Stein und Beton, die Balkone und ein Teil der Fassaden sind aus Holz. Es war immer noch Nachkriegszeit, sowohl was die Baumaterialien, wie was die Zahl der Auftraggeber (und Finanzierungsmöglichkeiten) betraf.

Carloni gehörte mit Luigi Snozzi und Bruno Brocchi, dem langjährigen Mitarbeiter von Alberto Camenzind, zu den ersten »jungen« Tessinern, die zu bauen begannen, als die Bautätigkeit anzog und sich mit immer größeren Schritten dem Boom der sechziger Jahre entgegenbewegte.

Das Terrain, das diese Architekten vorfanden, war allerdings schon teilweise beackert. Da gab es schon Arbeiten von Alterto Camenzind, das Distriktsspital San Giovanni in Bellinzona von Augusto Jaeggli, einem Salvisberg-Schüler, und vor allem die Biblioteca Cantonale von Rino Tami, der mit seinem Sinn für Maß, Klarheit der Formen und Materialien bereits 1940 ein unmißverständliches Zeichen gesetzt hatte. »Ein kleines Meisterwerk« nennt es Carloni, »im Tessin das bedeutendste Bauwerk in der ersten Hälfte dieses Jahrhunderts.«

Architekten wie Peppo Brivio, bei dem Carloni Praktikant war, und Franco Ponti, ein Verehrer von Frank Lloyd Wright, hatten zudem einen neuen Stil im Verhältnis zwischen Bauherr und Architekt eingeführt. Carloni: »Wer von diesen beiden ein Haus wollte, mußte sich daran gewöhnen zu warten, bis die langen und akribischen Voruntersuchungen für das Projekt geleistet, mit präzisen Plänen bis in alle Details ausgearbeitet und mit den Baufirmen koordiniert waren.« Es war eine – vor allem für die Kunden – neue Art, sich seriös und von Grund auf mit den Projekten zu befas-

sen, die vorher im Tessin nur in Einzelfällen möglich gewesen war.

Die »Jungen« von damals haben
von diesen Vorarbeiten ihrer älteren
Kollegen viel profitiert. Moderne Architektur, Flachdächer, Sichtbeton,
Materialien und Formen, die noch zu
Zeiten, als die Biblioteca Cantonale
gebaut wurde, verpönt waren, das alles wurde nun zur Norm, jedenfalls für
jene, die nicht einfach Häuser hinklot-
zen, sondern Architektur machen
wollten.

Der beginnende »Boom«, der
sich vor allem im Bau von Renditen-
häusern, Hotels, Motels und Ferienhäuschen manifestierte, hat in der
zweiten Hälfte der fünfziger Jahre
auch zahlreiche deutschschweizer Architekten ins Tessin gelockt, von

Einfamilienhaus in Arosio, 1965

Alterswohnhaus in Lugano, 1959

denen viele nicht nur den Bauherrn, sondern gleich auch die Finanzierung mitbrachten. Neben Drauflosbauern gab es Glücksfälle wie Dolf Schnebli, der mit der amerikanischen Harvardschule und mit den Zürcher Kreisen um Ernst Gisel verbunden war und – Beispiel: das Gymnasium von Locarno – Beiträge geleistet hat, die im Tessin mit Stolz und zu Recht als »tessiner Architektur« verbucht werden.

In dieser Übergangszeit – und wie bestellt für die Aufgaben des Baubooms – diplomierte die ETH in Zürich eine ganze Reihe von jungen Architekten – Vacchini, Galfetti, Durisch, Ruchat, Campi, Piazzoli und andere, die sogleich in den Studios von Brivio oder Tami oder Carloni Arbeit fanden, weil sie solide, in der zeitgenössischen Architektur fundierte Kenntnisse, Vorlieben und Überzeugungen mitbrachten.

Da gab es einerseits Corbusianer, später mehr Kahnianer, und dann einen starken Einfluß aus Italien, von Aldo Rossi hauptsächlich, der sich aufgemacht hatte, die Architektur wieder als autonome Disziplin und den Architekten als Baukünstler zu definieren, der dazu da ist, die jahrtausendealten archetypischen Grundformen neu umzusetzen.

Es begannen die goldenen sechziger Jahre, als alles, wie Carloni sagt, »scheinbar leicht war und das Geld ohne Schwierigkeiten zu fließen schien.«

Neben der privaten Bauherrschaft, die vor allem damit beschäftigt war, das Tessin in ein »Touristenparadies« und einen »Finanzplatz« umzuwandeln, griff nun auch die öffentliche Hand tief in die Tasche, und während am politischen Firmament die Morgenröte der Kontestation aufzog, fanden sich die jungen tessiner Archi-

Mehrfamilienhaus in Mendrisio, 1958–59

»Palazzo Bianchi« an der Via Nassa in Lugano, 1959–60

tekten plötzlich ausgestattet mit Bauaufträgen. So konnte es geschehen, daß Aurelio Galfetti (mit Flora Ruchat) in Bellinzona das öffentliche Strandbad mit der inzwischen berühmten Passerelle bauen konnte, ein erster Versuch, urbanistische Elemente – optisch eine Verbindung des Strandbades mit der Stadt und ihren drei Burgen – in ihren Projekten einzubringen. Was damals Wirklichkeit war und heute wohl schon wieder unmöglich wäre: Galfettis ungewöhnliches Projekt wurde unter zwanzig andern ausgewählt, obwohl ein geschocktes Bürgertum den jungen wilden Mann am Samstagnachmittag mit erhobener Faust an Vietnamdemonstrationen beobachten konnte.

Der Boom hatte Brot für (fast) alle, und so ist es denn auch weiter nicht verwunderlich, daß Tita Carloni als 30jähriger praktisch über Nacht zum Auftrag kam, für die EXPO 64 in Lausanne zusammen mit Max Bill den Sektor »Art de vivre« zu gestalten.

Ursprünglich war diese Arbeit an Hans Fischli und Max Bill vergeben worden. Als Hans Fischli ausstieg und außer dem obersten EXPO-Architekten Alberto Camenzind kein weiterer Tessiner dabei war, kam man an Tita Carloni. Zu diesem Zeitpunkt hatte er außer seinem eigenen Haus in Pregassona zusammen mit Luigi Camenisch das über einen kleinen Hügel ansteigende und mit gleichschenkligen Dreieck-Holzdächern, einer Art Shed-Konstruktion, gedeckte Haus in Rovio gebaut sowie in der Altstadt von Lugano einen recht verwegenen Eingriff in die alte Via Nassa gewagt: Zwei sechsstöckige Geschäftshäuser flankieren ein vierstöckiges, terrassenförmiges Hotel, das auf einen kleinen Platz und auf den See hinausblickt. Der Versuch, ein Stück Altstadtsanierung mit einer urbanistischen Idee zu verbinden, indem das Terrassenhotel den kleinen, auf den See hin offenen Platz auch gegen die Altstadtfront hin öffnet.

Carloni: »Vermutlich erhielt ich den EXPO-Auftrag aber nicht auf Grund meiner bisherigen Bauten, sondern auf Empfehlung der Lignum, des Dachverbands der Holzindustrie, weil ich schon viel mit Holz gearbeitet und experimentiert hatte.«

Dieser EXPO-Auftrag sollte für Carlonis Entwicklung – vor allem die politische, dann aber auch die künstlerische – Folgen haben, die ihn als »Bruchstelle« erweisen.

»Eines Tages erhielt ich einen Anruf von Max Bill, ob ich bereit sei, die Arbeit von Hans Fischli zu übernehmen. Ich fuhr nach Zürich. Max Bill hatte ein Blatt Papier auf dem Tisch, auf dem der Sektor ›art de vivre – joie de vivre‹ aufgezeichnet war. Er nahm einen Bleistift, machte einen dicken Strich quer durch den Sektor und sagte: ›Wir machen fifty-fifty – die schönen Künste mache ich, und Du machst den Rest.‹ Ich hatte Respekt vor Max Bill, er hätte mein Vater sein können. Ich sagte sofort zu, und dann gingen wir in die Kronenhalle essen.«

Zusammen zogen die beiden EXPO-Sektorenchefs nach Lausanne und trafen dort auf ihre Kollegen. Carloni: »Die hatten riesige Aktentaschen mit großen Mengen Papier bei sich, während Max Bill nur ein kleines, schwarzes Mäppchen unter dem Arm trug. Jedesmal, wenn man uns etwas fragte über unseren Sektor, zog er das Blatt Papier mit dem dicken Strich hervor und erklärte, was wir wollten. Wir wurden schrecklich angepfiffen, weil wir nur diesen Zettel dabei und keine ›coordination‹ gemacht hatten. Aber Max Bill ließ sich nicht beeindrucken. Er wußte, was er wollte, und die EXPO-Bürokraten schluckten es.«

Carlonis »Piazza« an der
EXPO 64

Das war 1961, und bis zur Eröffnung der Landesausstellung fehlten knappe drei Jahre. Carloni: »Max Bill und ich hatten ein ausgezeichnetes Verhältnis. Er sah die Dinge klar und war sehr skeptisch gegenüber dem ideologischen Unter- und Überbau dieser EXPO. Die hatten dort einen gigantischen Apparat aufgezogen, der laufend Protokolle ausspuckte, eine Riesenmaschine, die nicht viel anderes tat, als sich selbst zu reproduzieren.«

Heute und aus der Ferne sieht Carloni auch das mit Skepsis, was er damals selbst machte. »Den Riesendingern, die da aufgestellt wurden und in denen sich der Besucher unweiglich im Informationsnebel verlor, weil man ihm ›alles‹ zeigen wollte, stellte ich immerhin eine Piazza entgegen, ein urbanes Element, einen definierten Ort, an dem man sich einfinden und zurechtfinden konnte.«

Für einen Tessiner eigentlich naheliegend, wenn man weiß, welche Bedeutung der Dorfplatz südlich der Alpen bis zur Verbreitung des Fernsehens und dem Überhandnehmen des privaten Autoverkehrs als Treffpunkt und »öffentliche Stube« gehabt hat. Auf Carlonis Piazza gab es eine Kirche (von Ernst Gisel), man konnte den Platz diagonal überqueren oder unter Arkaden flanieren, ein Bistro oder ein kleines Holzpavillon aufsuchen, Gebäude und Einrichtungen, die rund um den Dorfplatz gruppiert waren und zu ihm gehörten.

Unter den Leuten, die Carlonis Beitrag zwar nicht vom formalarchitektonischen Standpunkt, aber aus grundsätzlicher Sicht kritisierten, war Umberto Eco, der ihm kurz und bündig sagte: »Man macht keine Piazza, um sie sechs Monate später wieder abzureißen.«

Nun waren die Probleme, mit denen sich Carloni in Lausanne konfrontiert sah, nicht in erster Linie architektonisch-philosophischer, sondern politischer, kultureller und ideologischer Natur. Für die künstlerische Ausstattung seiner Piazza – es schwebte ihm eine Art Luzerner Kapellbrücke vor – hatte er Leute ausgewählt, deren Bilder keineswegs dazu angetan waren, den damaligen Publikumsgeschmack zu befriedigen: Der Tessiner Edmondo Dobrzanski steuerte ein Bild über die Staudammkatastrophe von Vajont bei, Varlin sein berühmtes Heilsarmeebild, das lange hinter dem Arbeitstisch des Schriftstellers Friedrich Dürrenmatt hing, der Zürcher Friedrich Kuhn eine versponnene, lyrische, mit Schweizer Fähnchen gespickte Welt, um nur drei Beispiele zu nennen, die für Aufregung und Unruhe sorgten. Beim Varlin-Bild intervenierte die Heilsarmee, die Vajont-Katastrophe von Dobrzanski wurde als Skandal verschrien und bei Friedrich Kuhn – so Carloni – »wußte man praktisch bis zum letzten Augenblick nicht, ob er das Bild überhaupt malen würde.«

Tita Carloni, in der unbequemen Lage des »Sektorchefs« zwischen Bürokratie und Kunst, erhielt nun Anschauungsunterricht über Mentalität und Machtverhältnisse jener offiziellen Schweiz, die sich da als EXPO in Pose setzte. Das krasseste Beispiel: der Zürcher Architekt Felix Schwarz, der den Auftrag hatte, den Sektor Gesundheit zu betreuen, hatte als Mitarbeiter Heinrich Buchbinder beigezogen, einen engagierten Kämpfer in der Antiatomkampagne, angriffsfreudiger Polemiker auch gegen gewisse Praktiken der Pharma-Industrie – ausgerechnet jener Leute, die diesen Sektor zur Hauptsache finanzierten. Carloni: »Da habe ich erstmals ganz bewußt erlebt, wie dieser große Laden Schweiz funktioniert. Schwarz wurde

vor die Alternative gestellt, entweder
Buchbinder fallen zu lassen oder die
Arbeit abzugeben. Schwarz hat sich
nicht erpressen lassen und auf den
Auftrag verzichtet. Ich ziehe vor ihm
meinen Hut.«

Die große Schau in Lausanne hat
Carloni als etwas Zwiespältiges in Erinnerung, auf der thematischen wie auf
der formalen Ebene: »Die thematische
Ausrichtung der EXPO schwankte
zwischen den alten Themen des hel-
vetischen Kleinnationalismus (der
Feier des Kleinstaates) und den Forderungen des Neokapitalismus (Planung, Expansion der Spitzen- und
Konsumgüterindustrie). Die verschiedenen Pavillons drückten – mit ein
paar Ausnahmen – im allgemeinen den
nun verbreiteten Manierismus der
Schweizer Architektur aus.«

Als Carloni die EXPO hinter sich
hatte, war er 33 Jahre alt, immer noch
ein »junger« Tessiner, aber um zahlreiche Illusionen ärmer und überzeugt,
daß die Mittel der Architektur nicht
ausreichen, um die sozialen Verhältnisse zu ändern: »Für mich mit meinem
katholischen, moralistischen und
idealistischen Background kam nun
die Krise.«

Und während andere die tessiner
Landschaft mit Häuschen, Ferienhäuschen, Banken und Spekulations-
objekten vollbauten, widmete er sich
zusammen mit dem Kunsthistoriker
Virgilio Gilardoni und dem Schriftsteller Plinio Martini dem Programm für
die Errichtung von Museen für Geschichte und Volkskunst in den Burgen von Bellinzona. Ein Unterfangen,
das schließlich in einen kulturpoliti-
schen Kampf mündete, nie in der vor-
geschlagenen Form realisiert worden
ist und den »Kulturkämpfern« eine
Klage wegen Ehrbeleidigung eintrug.
Der gleiche Staat, der die kritischen
Intellektuellen gerufen hatte, konnte

**Details der »Piazza« an
der EXPO 64**

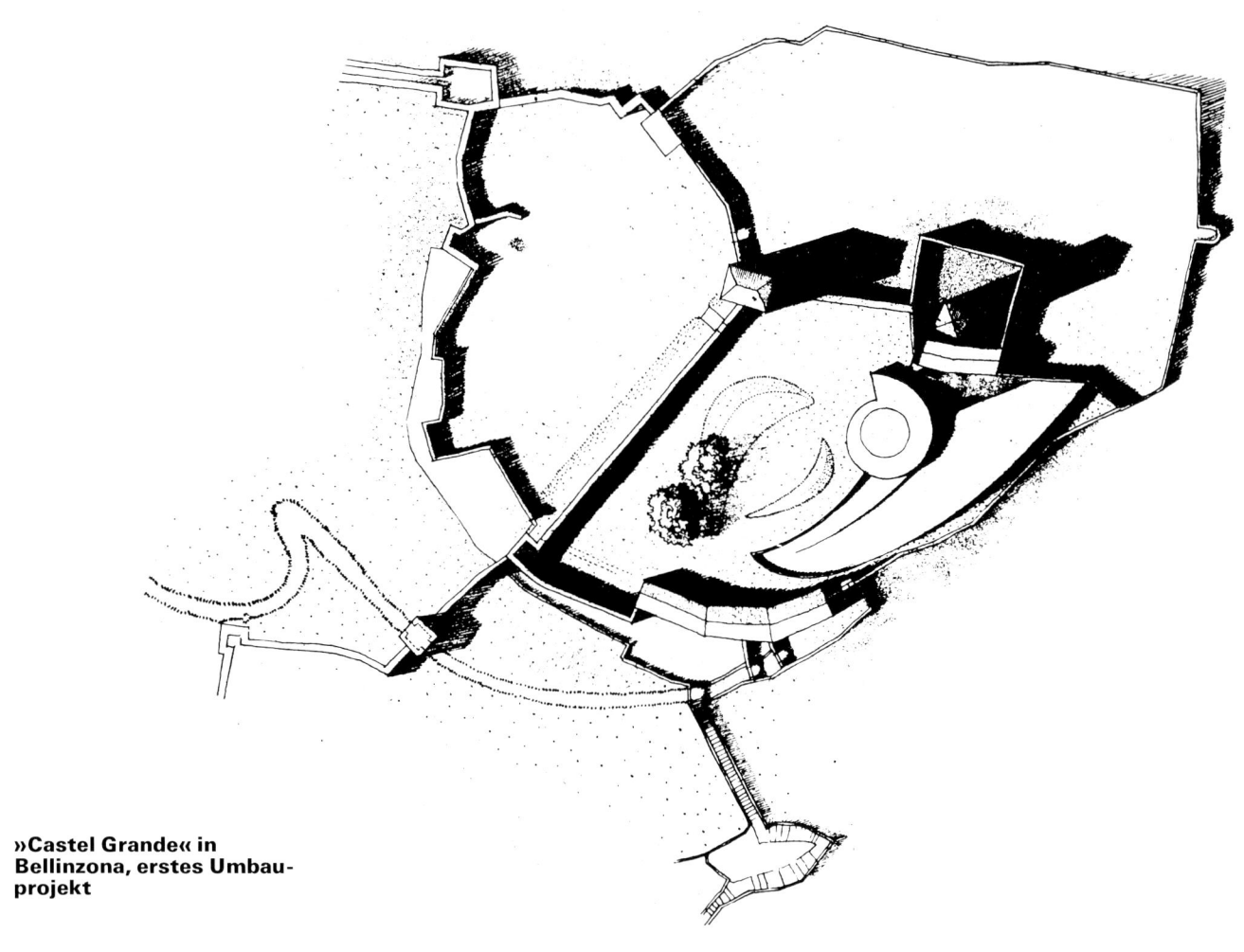

»Castel Grande« in Bellinzona, erstes Umbauprojekt

nicht über seinen Schatten springen und schickte sie wieder in die Wüste. Carloni: »Das kritische Kulturkonzept warf hinter der Fassade der politischen Programme ein Licht auf die weiterbestehenden Machtverhältnisse, die weitgehend vom Handels- und Klientelgeflecht bedingt sind. Das ging nicht.«

Kunsthistoriker Gilardoni und Architekt Carloni waren mit viel Enthusiasmus an dieses Großprojekt herangegangen, zu dem ihnen der junge Tessiner Regierungsrat Franco Zorzi grünes Licht gegeben hatte. Die Projekte sind vor allem deshalb Papier geblieben, weil Zorzi bei einem tragischen Bergunfall ums Leben kam und nicht mehr verhindern konnte, daß politische Intrigen das historisch und kulturpolitisch wichtige Werk zum Scheitern brachten.

Gilardoni und Carloni stellten folgende zwei Forderungen in den Vordergrund: Im Rahmen der Sanierung der Altstadt von Bellinzona ging es darum, die drei Burgen der Stadt – Castel Grande, Castello di Montebello und Sasso Corbaro – erstens wieder in das urbanistische und soziale Geflecht der Stadt einzubeziehen und zweitens die baulich zum Teil in einem schlechten Zustand befindlichen Kastelle in ihrer Grundsubstanz zu erhalten und zu restaurieren. Im Castel Grande war die Hauptabteilung des Museums vorgesehen, dazu ein Kongreßsaal, ein Auditorium und ein Freilicht-Theater; im Montebello die ethnographisch-archäologische Abteilung des Museums und im Sasso Corbaro die Kostüme und Trachten sowie die Sammlung alter Stiche. Die traurige und skandalöse Geschichte der Verhinderung dieses Projekts ist zusammen mit einer akribischen Bestandsaufnahme der historischen Fakten und der Restaurationspläne Carlonis in einer Sondernummer des »Archivio Storico Ticinese« (L'ideazione del museo dell'arte e delle tradizioni popolari del Ticino) nachzulesen. Von dem ganzen Projekt ist damals nur das Museum im Castello Sasso Corbaro übriggeblieben.

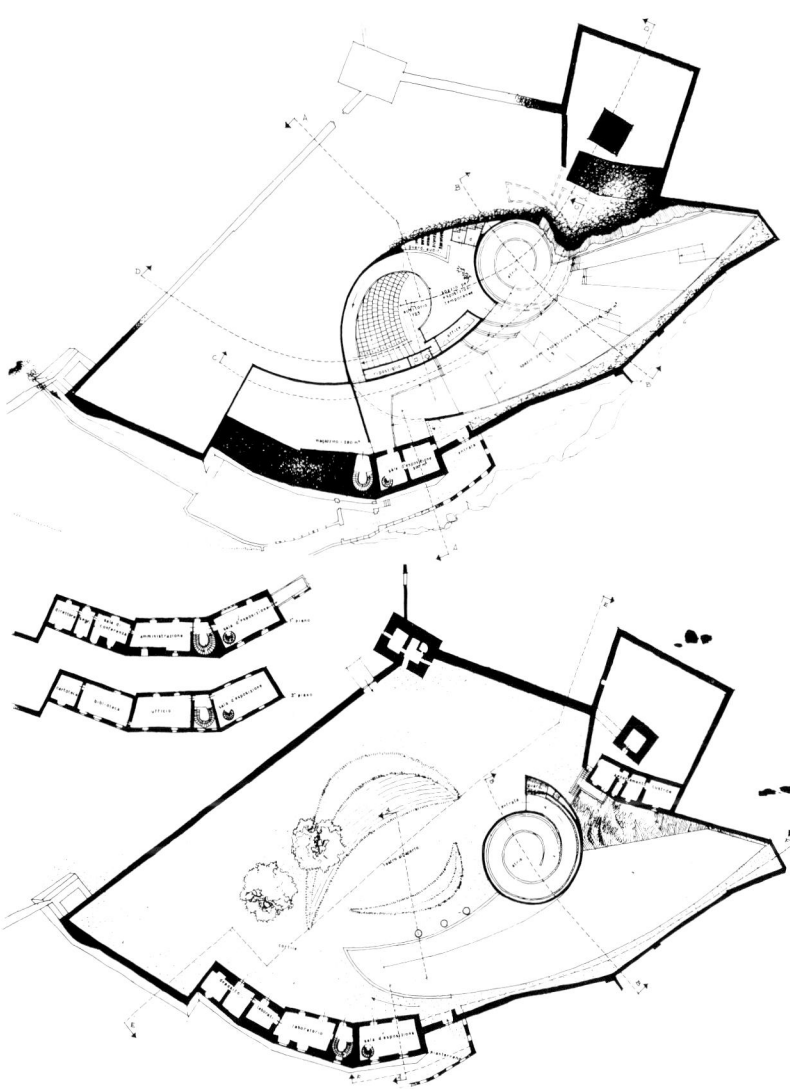

»Castel Grande«, Grundrisse des Untergeschosses und des Hofes (unten)

Christlich-soziales Gewerkschaftshaus mit »Casa del Popolo«, Lugano, 1970–71

2

In diesen Jahren geschahen wichtige Dinge auf verschiedenen Ebenen: Der Boom der Bauindustrie ging Hand in Hand mit einem Boom der neuen Materialien – Leichtmetalle, Eternit, Asbest, Plastik, Kunststoffe aller Art wurden eingeführt. Auf intellektueller Ebene, in Frankreich, Italien und auch in Deutschland wurden der Rationalismus und der Funktionalismus der zwanziger und dreißiger Jahre einer heftigen Kritik unterzogen, von den einen (Italien und Frankreich) mehr in kulturell-historischer Hinsicht, von den andern (Frankfurter Schule) mehr in soziologischer Hinsicht. Europäisch stand der Mai '68 bevor, und lokalpolitisch äußerte sich das im Tessin in heftigen Auseinandersetzungen zwischen der traditionellen sozialdemokratischen Linken und den jungen radikalen Linken, in deren Köpfen sich die Gründung einer neuen sozialistischen Partei, des »Partito socialista autonomo« (PSA), anbahnte.

Zu den militantesten und intellektuell auch am besten vorbereiteten Kämpfern der Kontestation gehörte der EXPO-geschädigte Tita Carloni. Obwohl er 1970, ein Jahr vor der Gründung des PSA, noch für die christlichsoziale Gewerkschaft in Lugano das Volkshaus baute, ein streng geometrisches, sauberes Verwaltungsgebäude mit Hotel, hatte Carloni damals bereits seine christlich soziale Vergangenheit abgestreift und war zum marxistischen »68er« geworden.

Das wußten allerdings jene Architekturbevollmächtigten der Schweizerischen Eidgenossenschaft nicht, die ihn 1970 zum Gruppenchef für das Projekt eines Polytechnikum-Neubaus in Lausanne ernannten. »Sonst«, sagt Carloni, »hätten sie sich wohl gehütet, uns einzuladen.«

Eingeladen waren sechs regionale Gruppen aus der ganzen Schweiz mit je einem Gruppenchef. Diese Einladung – mehr nach regionalpolitischen als nach architektonischen Kriterien ergangen – verdankte Gruppenchef Carloni vermutlich seiner EXPO-Tätigkeit, denn von »neuer tessiner Architektur« war damals weit und breit noch keine Rede, auch wenn es sie in Ansätzen schon gab. Carloni: »Die Einladung ist zu Weihnachten hier eingetroffen und im April mußte das Projekt fertig sein. Wäre nicht mein ehemaliger Lehrling Mario Botta gewesen, der kurz zuvor seine Studien in Venedig abgeschlossen hatte und bereit war, die Hauptarbeit zu übernehmen, hätte ich absagen müssen.« Die Gruppe Carloni – mit Luigi Snozzi, Mario Botta, Aurelio Galfetti und Flora Ruchat sowie einigen noch jüngeren Helfern (unter ihnen Ivano Gianola) – machte sich an die Arbeit, voll Enthusiasmus und mit Ideen, die sich erst später als das herausstellten, was Carloni als »den totalen Bruch« bezeichnete – eine Art Glaubenskrieg und

schließlich Schisma zwischen den Architekturauffassungen der Alpennordseite und jenen der »neuen Tessiner«.

Es lohnt sich, näher auf die Auseinandersetzungen einzugehen. Carloni resümiert die eingereichten Entwürfe: Da gab es – immer in der Optik von Carloni – die Gruppe Genf mit Paul Waltenspühl, die ein kräftiges, in Blöcke gegliedertes Projekt vorlegte, wie es für den Corbusianer Waltenspühl typisch ist. Für Carloni »kein schlechtes, aber etwas verspätetes Projekt, viel Beton und viel Technik, anständige Architektur der 60er Jahre.«

Dann die Gruppe Waadt – »ein Projekt ohne Pfeffer und ohne Salz. Man begriff nicht recht, was die wollten, irgendwie profillos.« Die Gruppe Seeland mit dem Solothurner Haller: »Ein hochinteressanter Vorschlag, High-Tech, perfektionistisch, keine dumme Technokratie, ein Polytechnikum für das Jahr 2000 mit Schwerpunkt auf Informatik.«

Die Gruppe Basel: »Ein Generalunternehmerprojekt à la Göhner, eine unspezifische Masse, man wußte nicht recht, ist es ein großes Hotel oder was.« Schließlich die Gruppe Zürich mit Architekt Zweifel an der Spitze, die auch den Auftrag erhielt. Carloni: »Die kamen mit einem ganzen Rattenschwanz von Spezialisten für alles und für jedes. Sie hatten sich an den neuen Technischen Hochschulen und Universitäten in Deutschland orientiert und legten eine gigantische, mit Technik reich beladene und völlig unpersönliche Maschinerie vor. Sehr systematisch, funktionell, ausgestattet mit einer formalen Logik, ein ›Superlego‹, das unendliches Wachstum und interdisziplinäre Kommunikation von allen mit allen offerierte und von der wir heute wissen, daß sie die Kommunika-

**Modell des Projektes für
das Politechnikum (EPUL)
in Lausanne**

tion von niemand mit niemandem zur
Folge hat.«

Die Tessiner Gruppe fiel demge-
genüber mit ihrem Projekt aus dem
Rahmen. Carloni: »Unser Entwurf war
ziemlich handwerklich gestrickt, vielleicht – zurückblickend – auch etwas
naiv. Wir kreuzten mit einem großen
Modell der Stadt Lausanne inklusive
Umgebung auf, 5 mal 5 Meter. Das
war überhaupt nicht verlangt, aber wir
gingen von einem urbanistischen
Konzept aus, das heißt, wir versuchten
ein Spannungsverhältnis zwischen
der bestehenden Stadt und der geplanten Hochschule herzustellen. Der
chaotischen Zersiedelung der Umgebung von Lausanne wollten wir mit
unserem Vorschlag einen scharf um-
rissenen Ort entgegensetzen. Wie die
Fürsten des Mittelalters zuerst eine
Stadtmauer konstruierten, um sie
dann mit der Stadt ›aufzufüllen‹, pro-
jektierten wir ein Quadrat, in dem entlang zwei sich kreuzenden Achsen das
neue Poly heranwachsen sollte. Dies
in deutlichem Gegensatz zu allen andern, die ein Element A schufen, diesem das B beifügten und C und D und
so weiter ins Unendliche, ohne Kontrolle des Raums. Ich gebe zu, wir nahmen dieses Technikum-Projekt ein
bißchen als Vorwand, um zwar auch
die dem Polytechnikum inhärenten
Probleme zu lösen, in erster Linie aber,
um dem Territorium und damit der
Stadt eine Form zu geben. Für unsere
Idee – und da war Mario Botta, der
vollgepumpt mit italienischer Kultur
und Kunstgeschichte aus Venedig
kam, federführend – nahmen wir historische Modelle zu Hilfe, zum Beispiel die ideale Stadt der Renaissance.

Wir wurden heftig angegriffen als
Formalisten, als Leute, die Kunst machen wollen statt etwas, das funktioniert. Unser Projekt hatte zweifellos einen etwas utopischen Charakter,

**Situationsplan mit
Verkehrserschließung**

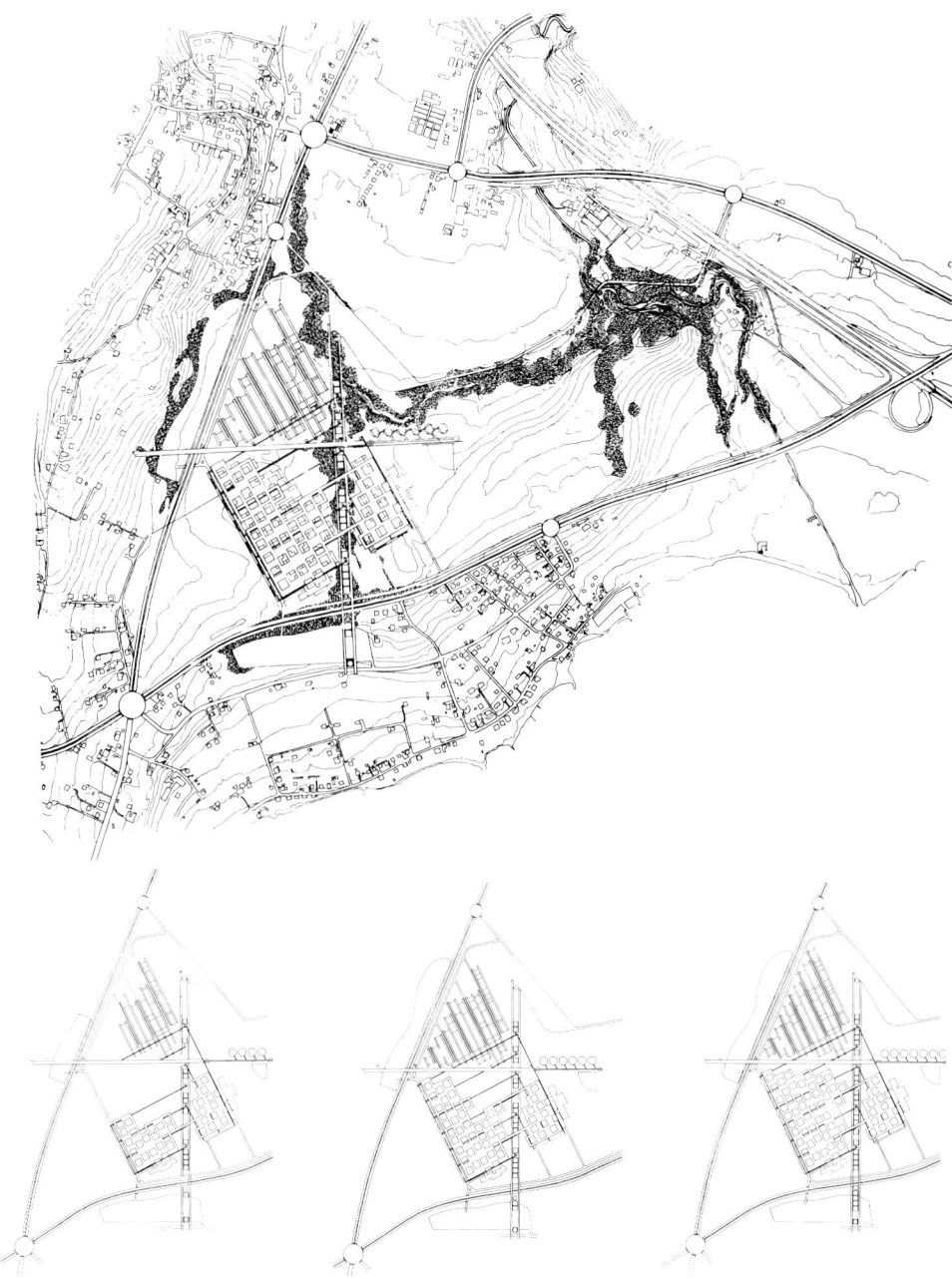

**Skizze des stufenweisen
Ausbaus**

während die andern einfach das Machbare vorschlugen. Aber ich bin auch heute noch überzeugt, daß unser Projekt durchaus funktioniert hätte. In der Kommission gab es Leute, die uns einfach als ›Tessiner Lausbuben‹ und, wegen der Lockenköpfe, die es unter uns gab, als ›Botticelli-Engel‹ belächelten. Der Italiener de Carli brachte die Sache auf den Nenner: ›Ideologisch und kulturell seid ihr zwar die Stärksten, aber ihr seid außerhalb der Welt, in der man heute arbeitet.‹ Damals war uns das noch nicht so bewußt, aber heute weiß ich, daß wir schon damals nicht glaubten, daß alles Machbare auch gemacht werden muß. Andererseits ist es klar, daß man in der Schweiz einen solchen Großauftrag einem Obersten gibt, wenn man schon einen zur Hand hat, und nicht irgendwelchen ›Künstlern‹ aus dem Tessin.«

Die große Überraschung für Carloni und seine Gruppe – mit Flora Ruchat war übrigens die einzige Frau an den Projekten für das Lausanner Poly beteiligt – kam an der Ausstellung der Projekte. Die Mehrheit der Technikumstudenten sprach sich eindeutig für das Projekt der Tessiner aus, »mehr aus kulturellen als aus politischen Motiven«, wie sich Carloni erinnert. Dies führte dann zu einer öffentlichen Debatte zwischen den Tessiner »Utopisten« und den »Machern« aus Zürich. Carloni: »Es kam zu einer scharfen Auseinandersetzung, zu dem eigentlichen Schisma zwischen traditioneller moderner Architektur der Zürcher und der Phantasie und den historischen Bezügen, die wir einbrachten. Die Positionen waren unversöhnlich, und erstmals wurde der Öffentlichkeit bekannt, wer wo steht. Dies war meines Erachtens der Moment, in dem ein breiteres, an Architektur interessiertes Publikum zur Kenntnis nahm, daß es

so etwas wie eine ›neue tessiner Architektur‹ gibt.«

Und dies war auch der Moment, in dem man nördlich der Alpen die politische Begleitmusik dieser »andern Architektur« wahrnahm. Der »Partito Socialista Autonomo« (PSA) wurde gegründet und mit dabei war praktisch die ganze Crème der jungen tessiner Architekten. Diese Partei machte auf Anhieb sechs Sitze im kantonalen Parlament und unter den gewählten Abgeordneten befand sich auch Tita Carloni.

Auf persönlicher Ebene hatte dieses politische Engagement für Tita Carloni die Schließung seines privaten Studios zur Folge.

Carloni in »Notizen zu einer Berufschronik« anläßlich der Ausstellung »Tendenzen« an der ETH in Zürich: »Um Mißverständnisse auszuschließen ist hier ein wichtiger Punkt zu klären. Das politische Engagement wurde damals . . . als eine Bedingung verstanden, die auch für das kulturelle Engagement wichtig ist. Es handelte sich nicht – wie dies für einige der Fall war – darum, Winkelmaß und Zirkel in die Nesseln zu werfen und den Tod der Architektur zu dekretieren oder diese zumindest als Angelegenheit für Kleinbürger abzutun, die sich nach dem alten privilegierten Berufs- und Gesellschaftsstatus zurücksehnen. Es handelte sich eher darum, den berühmten dialektischen Bezug zwischen Ökonomie und Ideologie besser zu verstehen und die alten rein kulturellen Illusionen abzustreifen. Es war eine neue Praxis zu entwickeln, die konkrete Brücken zwischen kultureller und politischer Arbeit, zwischen Intellektuellen und Arbeiterklasse finden sollte . . . Am 1. April 1973 entstand nach einer langen Periode der Diskussion, der Auseinandersetzungen und Rücktritte das Entwurfskollektiv, dem

Aliberti, Carloni, Denti, Moretti und Mirella Silvestro angehörten.«

Dieses Kollektiv hatte den Anspruch der »Verwirklichung einer Produktivorganisation, die Gebäude auf der Grundlage der Selbstverwaltung aller Arbeitsproduzenten entwirft« sowie die »Produktion guter Architektenentwürfe, die den Möglichkeiten des gegenwärtigen Baumarktes Rechnung trägt.«

Der Reform der Arbeitsverhältnisse entsprach eine neue Entwurfstätigkeit: »Die alten wrightianischen Schemata waren überwunden, das Kapitel der ›großen Aufträge‹ für den Staat mit den guten reformistischen Vorsätzen geschlossen. Es war wieder von unten zu beginnen: Wohnungsbau, Schulen, kleine didaktische Restaurierungen, Teilnahme an Wettbewerben als Gelegenheit, die Inhalte und Formen der Architektur zu untersuchen und kritisch zu überprüfen.«

Das Kollektiv, obwohl in einer Atmosphäre ideologischen Kampfes entstanden, erhob die Forderung, »eine grundlegende Einfachheit zu finden, die sich vom ideologischen Ballast befreit, der auf der Arbeit der Architekten der letzten zwanzig Jahre lag.«

Zwei Jahre später, bei der Gründung des Kollektivs 2, nachdem das erste auf Grund von ökonomischen Problemen und Interessenkonflikten Schiffbruch erlitten hatte, kam der Versuch hinzu, »die technische und soziale Arbeitsteilung aufzuheben.« Man war überzeugt, »daß eine alternative Architektur durch eine tiefe Umwälzung der ökonomischen und sozialen Verhältnisse gehen muß; daß die Reinigung des Territoriums in seinen formalen Werten nicht geschehen kann außer durch eine alternative Kontrolle des Territoriums selbst.«

Carloni und seine Kollektivpartner: »Auch der Architektur, und der Kultur im allgemeinen, kommt in dieser Umwälzung eine Funktion zu. Jene nämlich, in vielleicht kleinen und partiellen Fragmenten einen alternativen Bezug zwischen Gesellschaft und Architektur vorzugeben: ein anderes Haus, eine andere Schule, eine andere Sicht der Natur und der Welt der Formen und Gegenstände, die uns umgeben und uns entfremdet sind.«

Im Nachhinein über hochfliegende Deklamationen zu lächeln wäre allerdings billig. Die großen Ideen und Entwürfe für eine neue Städteplanung (legge urbanistica), vom Tessiner Parlament einstimmig gutgeheißen, wurden vom Volk in einer Abstimmung abgelehnt, sind Papier geblieben. Aus der tiefen Umwälzung der ökonomischen und sozialen Verhältnisse ist nichts geworden und die alternative Kontrolle des Territoriums hat auch nicht stattgefunden.

Aber das politische Hickhack jener Jahre hat nicht verhindern können, daß gebaut wurde und auch gut gebaut wurde. Dem Staat, der mit der Realisierung zahlreicher Schulen einen großen Happen zu verteilen hatte, blieb kaum anderes übrig, als diese politischen »Querschläger« zu beschäftigen, denn sie waren es in erster Linie, die die professionellen Voraussetzungen mitbrachten.«

3

Carlonis Primarschule in Stabio, entstanden zwischen 1972 und 1974, atmet den Geist jenes Kollektivs. Die Gebäude stehen am Dorfrand von Stabio auf einem leicht nach Südwesten abfallenden Gelände. Die verschiedenen rechtwinklig angeordneten, teils einstöckigen, teils zweistöckigen Gebäude beherbergen 16 Schulräume, ein Hallenbad, eine Turnhalle und ein Spezialfächer- und Rektoratsgebäude. Die beiden Quader mit den Schulzimmern sind auf zwei Ebenen organisiert; im Parterre verglaste Metallkuben, die als Garderobe und Eingang zum Treppenhaus dienen, im ersten Stock, auf Stelzen, die eigentlichen Schulzimmer.

Der ganze Komplex, in einem satten Gelb gestrichen, ist nach drei Seiten offen; durch die Stützen, auf denen die Klassenräume stehen, öffnet sich die Landschaft nach Norden, Osten und Süden. Drei Grotto-Tische und ein großer Dorfbrunnen, einer Tränke gleich, stehen in der platanenbestandenen Anlage. Der sehr südlich geprägte Charakter des ganzen Komplexes erinnert an ein Urwaldspital, in dem sich überall überraschende Durchblicke öffnen. Die im Süden oft auftretenden extremen Lichtunterschiede werden durch nach Norden ausgerichtete Shed-Überdachungen neutralisiert. Das Hallenbad präsentiert sich von außen wie ein Gewächshaus, ein Gebäude, wie man es im »Gemüsegarten« Mendrisiotto überall antrifft. Insgesamt eine Anordnung und Strukturen, die nicht den Eindruck

erwecken, als würden hier Kinder in Schulstuben »eingesperrt«. Mindestens architektonisch vermittelt der Gebäudekomplex einen Hauch von »antiautoritärer Erziehung«, wie es dem damaligen Programm des carlonischen Entwurfskollektivs durchaus entsprach.

1974, als diese Schule fertiggebaut war, hatte die Ernüchterung jedoch schon begonnen. Mit der Rezession und der darauf folgenden Krise der tessiner Staatsfinanzen war es mit den »fetten Jahren« der tessiner Architektur vorbei. Carloni im Katalog der Zürcher Ausstellung »Tendenzen«: »Das große Paket der Bauproduktion befindet sich heute in den Händen der großen Generalunternehmer. Die städtebauliche Produktion liegt in den Händen der Staatsbürokratie. Aber diese Gründe sind nicht hinreichend zur Kapitulation. Schon mehrere Male erwies sich der Widerstand als unentbehrlich und fähig, im richtigen Moment mit einem neuen Entwurf in der Hand aus dem Randbereich aufzutauchen. Es ist die alte Geschichte von der großen Geduld in der großen Ungeduld.«

Heute – 10 Jahre danach – geht jeder seinem Auftrag nach, »möglichst weit weg von der Politik und ihren Gefahren«, wie sich Carloni ausdrückt. »Die Komplizenschaft, die an die Stelle der Solidarität getreten ist, sehe ich nicht unbedingt negativ, aber etwas fehlt: Solidarisch sein hieß auch, über die eigenen Interessen hinweg gegen das Falsche und Verlogene aufstehen. Die meisten haben heute keine Probleme mehr mit der Macht, sie sind nicht nur akzeptiert, sie gehören dazu. Geblieben aber ist – von Fall zu Fall – der Kampf gegen die Reglemente.

Dieses Problem ist unlösbar. Die Reglemente sind dumm, aber wenn es keine gäbe, hätten wir ein noch größe-

res Chaos. In dieser Gesellschaft läßt sich das nicht lösen, weil es keinen kulturellen Konsens gibt. Wenn man hundert Leute fragt, wie sie ihr Haus haben wollen, erhält man hundert verschiedene Antworten. Einer träumt vom Chalet, wer weiß warum, ein anderer von einem Haus, das er in Spanien gesehen hat. Wenn es in einer Gesellschaft nicht ein Minimum an Homogenität kultureller Art gibt, dann kann man kein Reglement machen, das einen Sinn ergibt.«

Der einzige Konsens, der heute herzustellen ist, sieht denn auch so aus: Jeder will ein Haus und jeder möglichst ein anderes als die andern. Carloni: »Deshalb sind auch die Häuser der Tessiner Architekten ultraindividualistisch. Es herrscht große Zersplitterung der Kräfte und der Formen. Einer schaut nach Wien, ein zweiter entdeckt plötzlich die Eleganz und wieder ein anderer holt sich seine Inspirationen bei Palladio. Jeder hat die klassischen Architekturschulen im Kopf und in der Schublade und zieht

nach Belieben die verlangte heraus.«

Carloni selbst baut auch »so seine Sachen«, wie er sich ausdrückt. Die »große Geduld in der großen Ungeduld« wird wieder einmal auf harte Proben gestellt. Sein jüngster Auftrag (1985), der Bau der Autobahnraststätte »Stalvedro« bei Airolo, hat ihm die Grenzen gezeigt, die von den realen Machtverhältnissen jenen gesetzt werden, die einmal ausgezogen waren, mittels Architektur die Gesellschaft zu verändern. Es beginnt schon beim Prinzip: Der gleiche Staat Tessin, der sich als einziger weit und breit einen Architekten leistet, um die ästhetischen Probleme der Autobahn in den Griff zu bekommen, überläßt den Bau der weithin sichtbaren Autobahn-Raststätten dem privaten Kommerz. Der Konsulent für Ästhetik hat zwar auch hier seine beratende Funktion, aber sein Einfluß ist um vieles geringer als beim Bau der Autobahnen, die vom Staat finanziert werden.

Carloni: »Beim Bau der Stalvedro-Raststätte vor dem Gotthardtun-

»Scuola Elementare« in Stabio, 1972–74

nel schwebte mir die Idee vor, es handle sich dabei um das ›Gotthard-Hospiz‹ unserer Tage. Seither habe ich praktisch nur Ärger gehabt. Ich habe ein Jahr lang um mein Modell gekämpft. Es geht dabei nicht nur um architektonische Fragen, sondern auch um Fragen des Umgangs mit Menschen. Ich muß mich mit aggressiven, arroganten und sturen Leuten herumschlagen, die von rein wirtschaftlichen Kriterien ausgehen. Da der Staat ihnen das Gelände lediglich auf 30 Jahre im Baurecht überläßt, müssen sie in diesen 30 Jahren möglichst viel herauswirtschaften und das – und nur das – bestimmt ihre Grundhaltung. Fünfmal hat man mich schon nach Dimmerschachen an die Gotthard-Raststätte im Kanton Uri ge-

Schule in Stabio

schleppt, um mir diesen schrecklichen Bau als nachzuahmendes Muster zu zeigen.

Ein Detail: Da wir uns im Süden, im Bereich italienischer Kultur und Lebensweise befinden, wollte ich eine normale italienische Kaffeebar einrichten – aber nein, es muß eine sogenannte Cafeteria nach nördlichem Muster, mit Tearoom-Charakter, sein. Ich habe mich mit Leuten herumgeschlagen, die stur auf Protokollen herumritten, auch wenn die Tatsachen zeigten, daß etwas, was im Protokoll stand, in der Wirklichkeit keinen Sinn ergibt. Livio Vacchini, der beim Bau der Autobahnraststätte in Bellinzona ähnliche Probleme hatte, wurde zwar von Rino Tami kräftig unterstützt, aber genützt hat es nichts. Schließlich hat er den Bettel hingeworfen. Die Mövenpick-Leute, die das Gasthaus bauen, sind zur Regierung gegangen und haben gesagt: ›So wird gebaut oder es wird nicht gebaut.‹ Und das wurde geschluckt.«

Hat Carloni resigniert? Auf jeden Fall ist er, aber nicht er allein, in eine eher kontemplative Phase getreten. Wieviel sich geändert hat, merkt er auch als Professor an der Genfer Schule für Architektur. 1968, als er diese Professur annahm, liefen die Studenten noch türenschlagend und fluchend aus dem Hörsaal, wenn ihnen etwas nicht paßte; heute sitzen sie mucksmäuschenstill da und lassen sich keinen Satz ihres »professore« entgehen.

Tita Carloni wird immer wieder herangezogen, wenn es darum geht, sich an die Fakten und Ereignisse der jüngsten Architekturgeschichte zu erinnern. Er war von Anfang an dabei, und obwohl bei einem Brand sein Archiv vernichtet wurde, kommt er nicht in Verlegenheit. Die letzten dreißig Jahre tessiner Architektur hat er im Kopf. g.z.

Luigi Snozzi: Dreißig Jahre Widerstand

1

Luigi Snozzi, geboren 1932 in Mendrisio, Professor an der Eidgenössischen Technischen Hochschule in Lausanne und Ehrenmitglied des Bundes deutscher Architekten, ist einer jener tessiner Architekten, die weltweit in der Architektur-Literatur zitiert und abgehandelt, in Museen ausgestellt und von einer internationalen Eleven-Schar gefeiert werden, die aber in Wirklichkeit eher wenig realisierte Projekte vorzeigen können, an denen sich »in natura« ihr Beitrag an die Architektur-Diskussion messen ließe. Das ist nicht auf Bescheidenheit des Architekten zurückzuführen, und Snozzi hat auch keine Schwierigkeiten, die Ursachen für dieses Mißverhältnis zwischen Projekten und Realisationen aufzuzeigen. Sie sind, davon ist er überzeugt, vorwiegend politischer Natur. Snozzi, ein scharf denkender Analytiker, Debatter und Polemiker, versteht Architektur als politische Kunst und sich selbst als politischen Menschen. Das hat Folgen, wie man sehen wird.

Das Klima, in dem die ominöse »neue tessiner Architektur« auftauchte, war ein politisches Klima der Kontestation, gekennzeichnet – außerhalb des Tessins – von jenem Jahr 1968, als die angehenden westeuropäischen Architekten in Venedig, Paris, Zürich tage- und nächtelang debattierten, Fakultäten besetzten und Protestmärsche durchführten. »Wir, die jungen tessiner Architekten von damals«, sagt Snozzi, »waren in einer privilegierten Position.« Die jungen

Verwaltungsgebäude der »Fabrizia SA« in Bellinzona, 1963–65

**Gedeckter Innenhof in der
»Fabrizia«**

Tessiner, zwischen dem Extrem eines im Norden immer noch vorherrschenden Pragmatismus und dem Extrem der im Süden hohe Wellen schlagenden Theorie-Diskussion, profitierten von ihrer geographisch mittleren, nämlich zweifach peripheren Lage. Sie waren informiert und an den Auseinandersetzungen beteiligt, konnten sich aber aus der Hitze der theoretischen Gefechte ins tessiner Hinterland zurückziehen, wo die Konjunktur dafür sorgte, daß da und dort auch für sie ein Auftrag abfiel. In der chaotischen und spekulativen Drauflosbauerei dieser Jahre tauchte immer wieder ein kleiner Freiraum auf, in dem sich die eine und andere progressive Idee verwirklichen ließ. Die architektonische »Revolution«, die in Italien fast ausschließlich theoretisch ausgetragen wurde, konnte im Tessin in einzelnen Bauwerken praktisch erprobt werden. Snozzi: »Wir machten beides: Wir gingen auf die Straße, aber wir gaben den Arbeitstisch nicht auf.« Im übrigen war Snozzi 1968 schon 36 Jahre alt, mithin ein Architekt mit ersten Erfahrungen.

Nach dem Abschluß seines ETH-Studiums hat Luigi Snozzi zuerst beim strengen Beppo Brivio und dann bei Rino Tami als Praktikant gearbeitet. Kurz darauf eröffnete er ein eigenes Büro und dann mit Livio Vacchini ein gemeinsames Studio d'architettura.

Sein Turmhaus-Projekt, noch aus der Studienzeit (1957), ein 18stöckiger Rundbau, könnte den Verdacht aufkommen lassen, daß er ursprünglich »hoch hinaus« wollte. Mit Vacchini zusammen entwirft er dann aber eine Gruppe von sieben Terrassenhäusern oberhalb von Locarno, sein erstes realisiertes Projekt, ein »vernünftiger« Entwurf nach Schweizer Art, auf der sauberen architektonischen Linie, die bereits 1960 in Bern die Siedlung Ha-

len vorgezeichnet hatte. Danach entsteht das Verwaltungsgebäude »Fabrizia« in einem Villenquartier aus der Jahrhundertwende nahe dem historischen Stadtkern von Bellinzona. Im Zentrum des offenen Erdgeschosses steht die verglaste Eingangshalle: Eine in dunkelblau gehaltene Stahlkonstruktion mit verglasten Außenwänden umschließt einen Innenhof, in dem ein turmartiges Gebilde den Lift aufnimmt. Die Büros des Verwaltungsgebäudes sind über Galerien erreichbar, die mit dem Liftturm verbunden sind.

In die gleiche Zeit und ebenfalls mit Vacchini als Partner fällt der Bau der »Casa Snider« in Verscio, Snozzis erstes von mehreren Beispielen dafür, wie moderne Architektur sich mit der

»Casa Kalmann« in Brione sopra Minusio, 1974–76

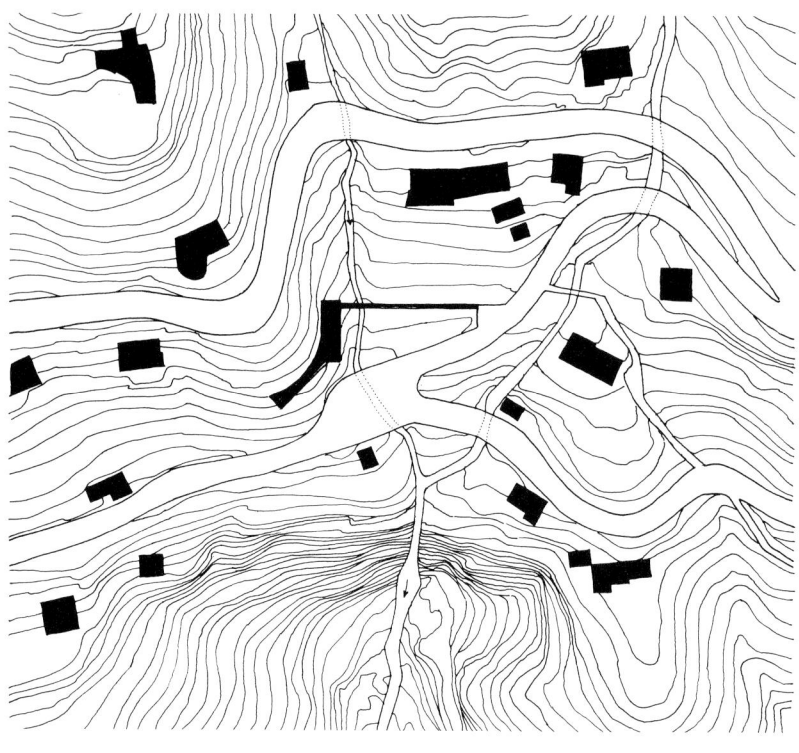

**Situation des Hauses
Kalmann**

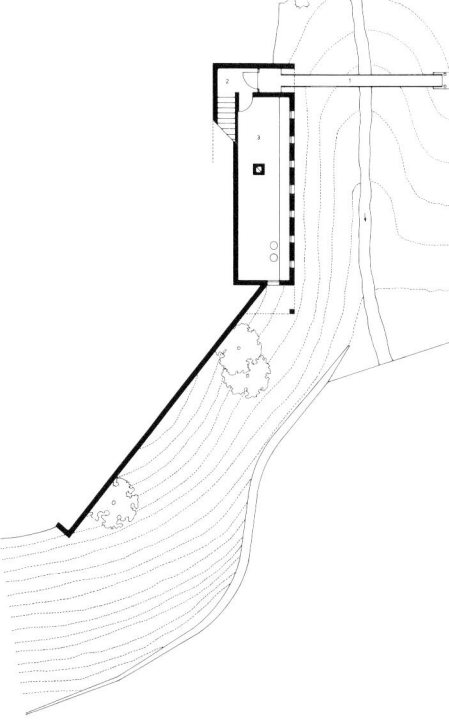

traditionellen Steinarchitektur der alten tessiner Dörfer verträgt und gegen sie Bestand haben kann, ohne der Imitation oder einem dummen Anpassertum zu verfallen. Die »Casa Snider« steht am Hang, unmittelbar an die Steinhäuser des alten Dorfkerns anstoßend. Nach Westen schließt eine nur durch zwei Schlitze unterbrochene Hauswand den Komplex gegen die Peripherie ab und schützt einen erhöht liegenden Hof, der die Typologie des Ortes wieder aufnimmt. Zehn Jahre später baut Snozzi auf einem Grundstück in unmittelbarer Nähe dieses Hauses die »Casa Cavalli«. Nach der gleichen Strategie schließt sich das Haus gegen die neuen, an der Peripherie angesiedelten Häuser ab und öffnet sich zum Dorfkern hin. Snozzi führt den alten, von Steinmauern gesäumten Dorfweg praktisch bis ins Haus hinein und über eine Treppe unters Dach hinauf, wo sich das Wohnzimmer befindet und durch große Glasflächen einen Überblick über das ganze Dorfzentrum ermöglicht.

Ein weiteres Einfamilienhaus, die »Casa Kalmann« in Brione sopra Minusio, zwischen 1974 und 1976 gebaut, zeigt vielleicht noch deutlicher, was Snozzi unter Integration, unter »kritischer Lektüre des Ortes« und »Neugestaltung des Territoriums« versteht, Postulate, die er vor allem bei seinen stadtplanerischen Arbeiten immer in den Vordergrund stellt. Die »Casa Kalmann« entstand an einem sehr steilen Hang in einer Gegend, die durch zahlreiche kleinräumige geographische Elemente, einer Folge von kleinen Tälern, Runsen und Bächen gekennzeichnet ist. Der Zufahrtsweg folgt dem Terrain, dem Verlauf einer früheren Weinbergterrasse, und setzt sich in der internen Treppe fort, die ihrerseits der Biegung des natürlichen

Geländes folgt. Zu dieser natürlichen Anpassung kontrastiert die strenge Geometrie des eigentlichen Baukörpers und der Terrasse, die mit einer Pergola abschließt. Diese Pergola ist als großes, offenes Fenster gestaltet. Wie auf einem riesigen Bildschirm erscheint in diesem Fenster das grandiose Panorama des Lago Maggiore mit den umliegenden Bergen und Tälern; zu Füßen liegt die Agglomeration Locarno mit dem Maggiadelta. Diese Häuser sind Snozzis »Visitenkarten«. Sie können nicht als Gelegenheitsarbeiten bezeichnet werden – aber im Gesamtwerk des Architekten spielen sie doch in Anbetracht von Snozzis großer Leidenschaft, dem »Eingriff ins Territorium«, eine untergeordnete Rolle.

In den Jahren 1962 bis 1968 entsteht in Zusammenarbeit mit Tita Carloni und Livio Vacchini der Zonenplan für das historische Zentrum von Bellinzona, 1970 mit Botta, Carloni, Galfetti und Ruchat das Projekt für die neue Technische Hochschule in Lausanne, 1971 mit Ivano Gianola jenes für die Stadtverwaltung von Perugia. 1972 bis 1976 eine Planung für das historische Zentrum von Locarno. Gleichzeitig entstehen »Entwürfe für das Territorium«, wie die Uferneugestaltung mit einem neuen Hafen und einem Wohnkomplex in Brissago und das Wettbewerbsprojekt für eine Ferienhaus-Überbauung in Celerina. Dann Entwürfe für die Bahnhöfe von Bologna und Zürich. Hin und wieder gibt es einen ersten Preis, da und dort einen Ankauf des Projektes, aber die große und unermüdliche Denk- und Projektierungsarbeit bleibt im Wesentlichen Papier. Dies wird verständlich, wenn man sich den politischen Hintergrund noch einmal vor Augen hält, der die Entstehungszeit dieser »neuen tessiner Architektur« gebildet hat.

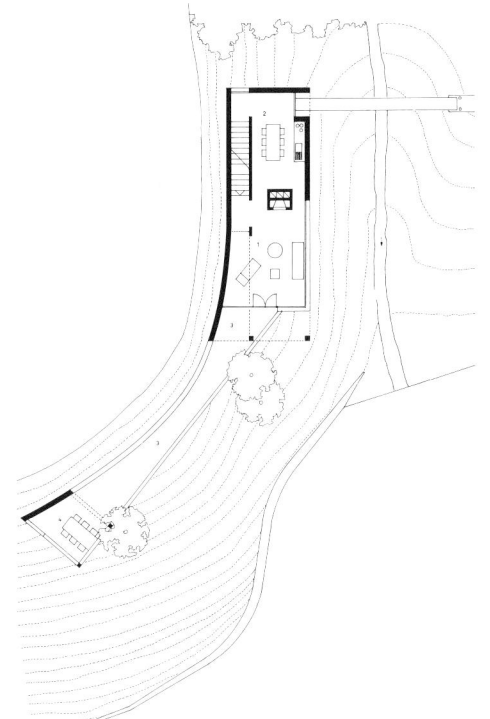

Ausblick aus dem Wohnzimmer mit »gerahmter Aussicht«

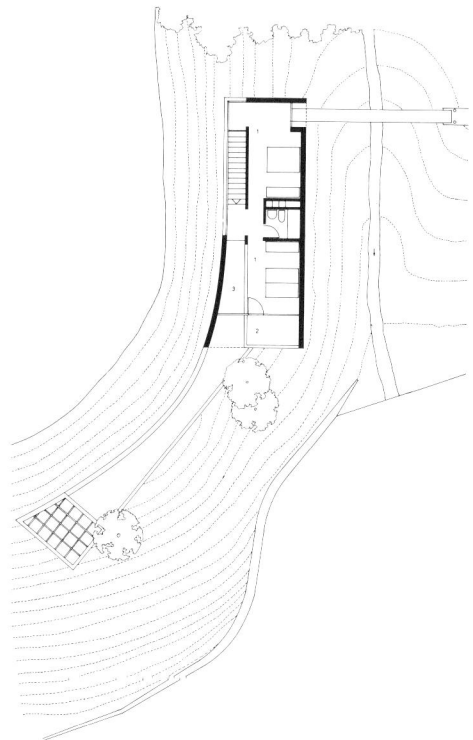

Grundriß des Eingangsgeschosses, links. Rechte Seite: Erstes und zweites Geschoß

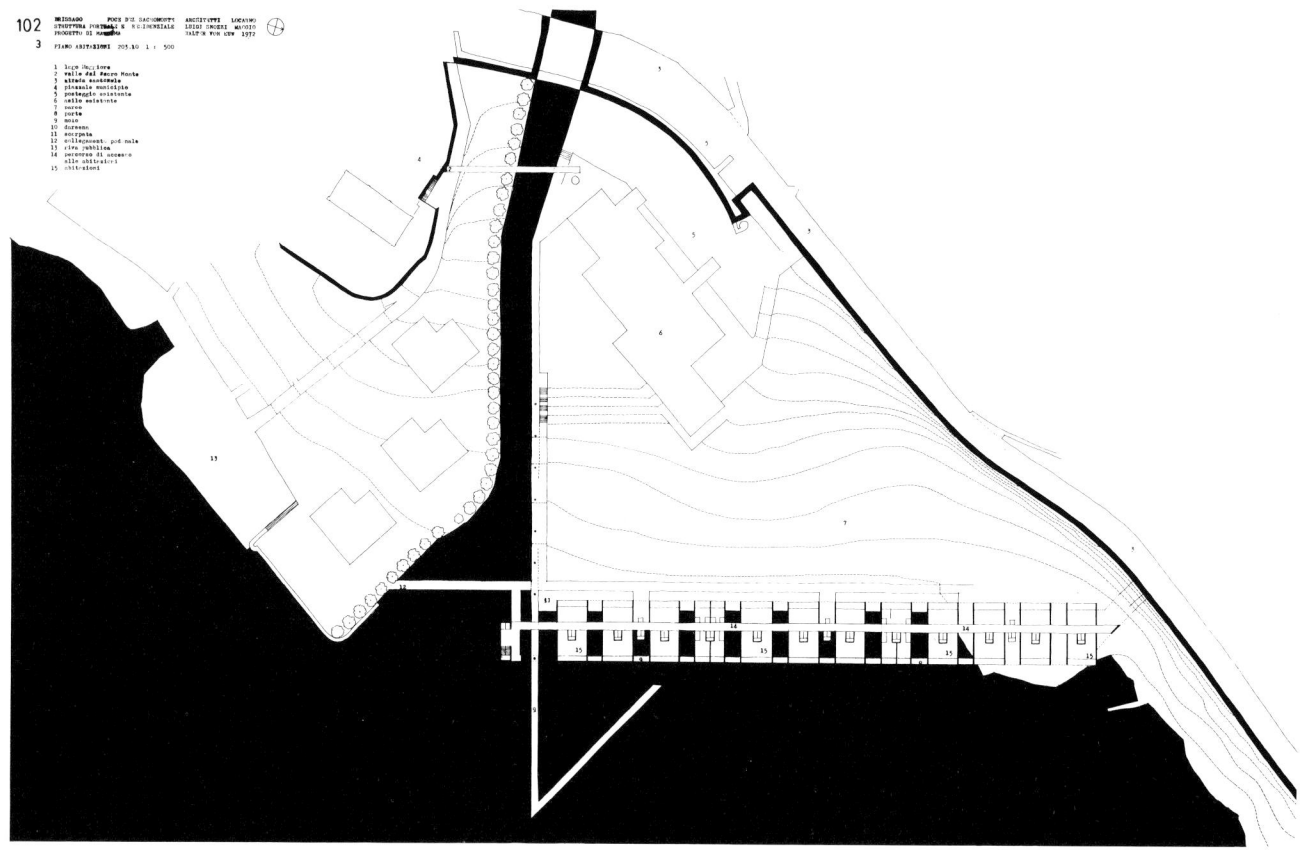

**Entwurf für eine Hafen-
sanierung in Brissago,
1972**

Ende der sechziger, anfangs der siebziger Jahre waren die meisten der jungen »Utopisten«, wie sie im Tessin von oben herab genannt wurden, politisch in der Opposition und Mitglieder der neugegründeten »Partito socialista autonomo«, also auf der Seite der Neuen Linken. Zwar ist Snozzi überzeugt davon, daß die Kampfsituation, der gemeinsame Widerstand der jungen Architekten, der in allen politischen und gesellschaftlichen Bereichen und nicht nur in Bau- und Architekturfragen geleistet wurde, diese Generation von tessiner Architekten zusammengeführt hat und über weite Strecken solidarisch handeln ließ. Eine »Tessiner Schule« oder »Neue tessiner Architektur« gibt es deshalb seiner Ansicht nach als politisches Phäno-

men. Aber: Wenn die Architekten, die sich zur Avantgarde der politischen Kontestation zählten, bis zu jenem Zeitpunkt das eine oder andere Projekt hatten verwirklichen können, als Krumen, die vom Bauboom abfielen – so änderte sich die Situation mit der Akzentuierung der gesellschaftlichen Gegensätze im Kanton: je schärfer dieser Kampf wurde, desto mehr verschärfte sich die Krise der jungen Architekturbüros. Leute wie Luigi Snozzi und Tita Carloni waren jedenfalls weg vom Fenster und als Anlaufstelle für öffentliche Aufträge praktisch tabu.

Als zu Beginn der siebziger Jahre der politische Entscheid fiel, im Tessin sämtliche Mittelschularten in einer Gesamtmittelschule, der »scuola media unificata« zu vereinigen und der

Kanton dafür ein Budget von 600 Millionen Franken bewilligte, wurden drei Gruppenchefs damit beauftragt, mit Mitarbeitern ihrer Wahl drei Schulen als Prototypen zu entwerfen. Der hochbegabte Snozzi war in keiner der drei Gruppen, obwohl sonst einige der jungen Oppositionellen durchs Hintertürchen doch wiederum zum Zug gekommen sind. Das Paradebeispiel: Mario Botta, der die »scuola media« von Morbio Inferiore bauen konnte. Snozzi war auf Wartestellung; erst 1978 hat er die Primarschule von San Nazzaro gebaut.

Der Staat, der darauf bedacht war, die »Hitzköpfe« nicht mit zuviel Bauaufträgen zu füttern, bediente sich ihrer hingegen, um die Probleme der historischen Stadtzentren Locarno und Bellinzona anzugehen, und zwar aus dem einfachen Grund, weil es kaum andere Leute gab, die dazu fähig waren. Dazu kam die üble Gewohnheit, daß in der Regel jene, die diese Planung ausarbeiten, nicht damit beauftragt werden, die Arbeiten auch

»Casa Cavalli« in Verscio, 1976–78; links der Zugang vom Dorf her

Die vorgelagerte »Casa Snider«

auszuführen. Snozzi: »Dadurch hatten der Staat oder die Gemeinden eine Doppelgarantie: Zum ersten hatten sie verfügbare Leute, die theoretisch zu dieser Arbeit befähigt waren, und zum zweiten hatten sie keinerlei Verpflichtungen, diesen linken Leuten konkrete Bauaufträge zu geben.«

Entsprechend kam es heraus. Die Pläne für das Zentrum von Bellinzona wurden definitiv begraben, jene für Locarno so verwirklicht, daß von der ursprünglichen planerischen Arbeit kaum mehr etwas gerettet werden konnte; so wenig jedenfalls, daß die Planer ihre Namen zurückzogen. Beide Stadtplanungen waren Anlaß heftiger Auseinandersetzungen und Kämpfe zwischen den Planern und ihren Auftraggebern. Mehr Erfolg hatte der Kleinkrieg, den die »Jungen« damals und bis heute in der »Commissione delle bellezze naturali« – der kantonalen Kommission für Heimat- und Denkmalschutz – führen und führten. Alle Bauten, die im Tessin verwirklicht werden, müssen an dieser Kommission, die für die ästhetischen Richtlinien zuständig ist, vorbei. Snozzi wurde 1962 in die Kommission gewählt und war 12 Jahre lang als »Vertreter« der Jungen (von 1962–1974) dabei und Woche für Woche an ein bis zwei Sitzungen anwesend. Snozzi: »Es gab in dieser Kommission gewissermaßen ein stilles Übereinkommen zwischen Etablierten und Progressiven: Wir lassen euren Mist durch, aber ihr bewilligt unsere Projekte.« So kam es, daß manches Projekt der »Utopisten« durchgeboxt wurde, auch wenn es die eine oder andere bürokratische Baunorm verletzte. Snozzi: »Es war ein permanenter Kampf und ein großer Energieverschleiß für höchst bescheidene Erfolge – hier eben ein Häuschen und dann dort eines.«

Innenansichten »Casa Cavalli«

Dies ist einer der Gründe, warum sich das, was als »neue tessiner Architektur« bekannt geworden ist, hauptsächlich in Einfamilienhäuschen manifestiert. Bei solchen Bauten brauchte es nur zwei Entscheidungsträger: den Bauherrn und den Architekten; und neben oder über ihnen den »Schutzengel« in der »Commissione delle bellezze naturali«, der dafür sorgte, daß das Projekt auch abgesegnet wurde. Das Paradoxe an dieser Situation: Ausgerechnet ein Luigi Snozzi, der sich mit Haut und Haar als Urbanist und als Städter fühlt, die Stadt auf fast sinnliche Weise liebt und sich Architektur überhaupt nur als Städtebau denken kann, mußte sich real – wie viele seiner Kollegen – in erster Linie in Einfamilienhäuschen

verwirklichen. Ein Hauch von Resignation ist denn auch dabei, wenn er sagt: »Die Stadt ist für uns die natürliche Heimat. Da sie draußen nicht mehr stattfindet, versuchen wir sie ins Haus zu bringen. Das Einfamilienhaus müßte man eigentlich ablehnen, aber paradoxerweise ist es heute der Ort, wo Stadterfahrung noch architektonisch verwirklicht werden kann. Es ist zudem bei uns im Tessin die am wenigsten spekulative Bauart. Ein einzelner Bauherr, der hier sein Haus baut, tut das primär nicht, um Geld damit zu verdienen, sondern um darin zu wohnen.«

Das ist aber nicht das einzige Paradox. Heute nämlich erleben es die urbanistisch motivierten tessiner Architekten, daß ihre Argumente im

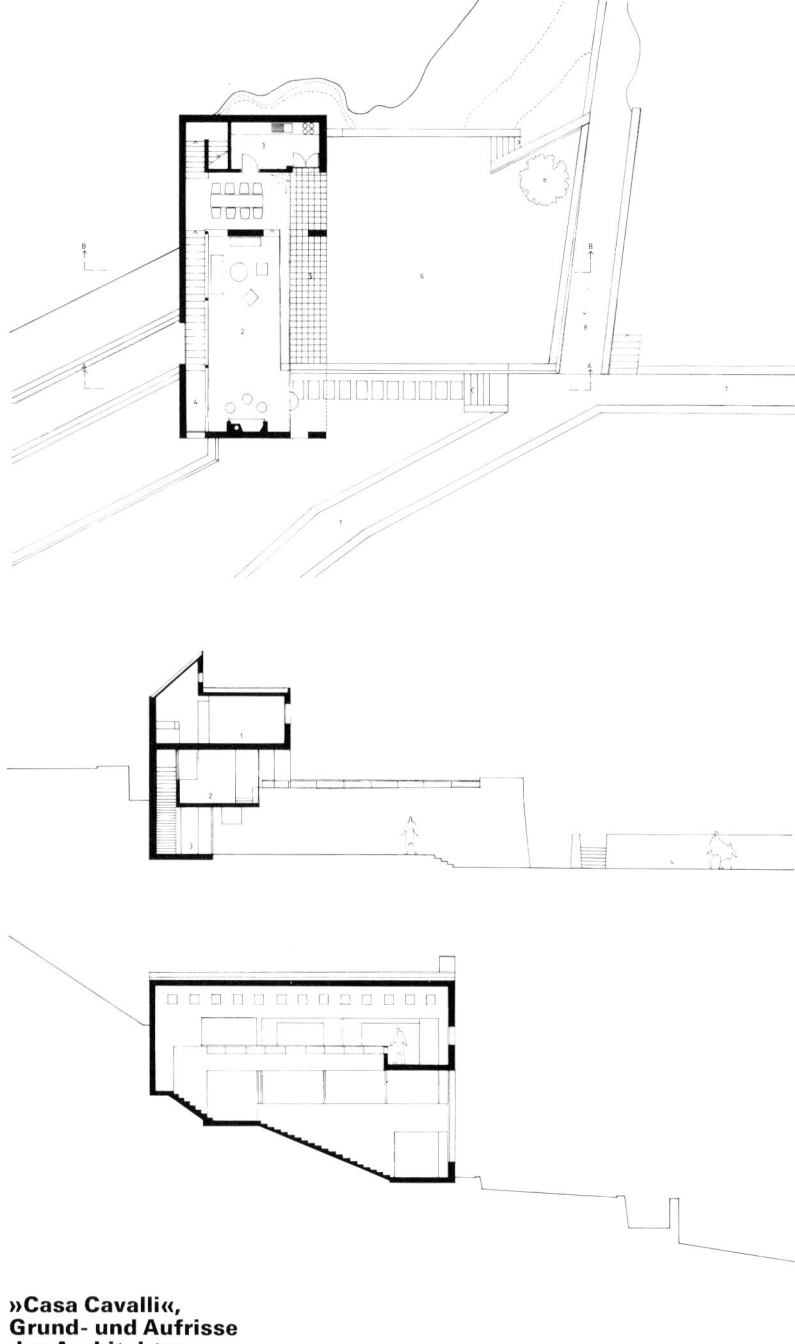

**»Casa Cavalli«,
Grund- und Aufrisse
des Architekten**

Kampf um die Erhaltung der wichtigen historischen Strukturen und Werte vom Staat, beziehungsweise den Verfassern von Baunormen und den Politikern, benützt werden, um in den Zentren alles zu verhindern, was auch nur entfernt nach »neuer« Architektur, beziehungsweise nach neuen Wertmaßstäben riecht. Rigorose Baunormen und ein unreflektiertes »erhältlerisches« Denken, das jeden Altbau zum historischen Denkmal hochjubelt, haben die Dynamik des Planens erstickt. Alles, was alt ist, wird als wertvoll eingestuft, alles, was neu ist, ist a priori schlecht. Die historischen Zentren werde »eingemottet« und drum herum entfaltet sich die Banalität in einer falschen Landidylle.

Snozzi: »Wenn jemals der Ausdruck ›faschistisch‹ im Zusammenhang mit neuerer Architektur angebracht war, dann wohl für diese Nostalgiewelle, die überall die Stadt negiert und überdies versucht, das Landidyll auf Schleichwegen in die Stadt hineinzuführen.«

Zu dieser »antiurbanen Ideologie«, die nach Snozzis Auffassung keineswegs eine tessiner Spezialität ist, sondern sich über ganz Westeuropa ausbreitet, kommt im spezifischen tessiner Fall noch ein weiteres Handicap dazu. Wenn es früher nämlich noch gelang, dank einer schlecht vorbereiteten Beamtenschaft da und dort zwischen den Baunormen hindurchzuschlüpfen und eine Fünf gerade sein zu lassen, so haben der »perfekte Staat« und eine schlagkräftige und effiziente Beamtenschaft heute die Sache auch im Tessin fest im Griff.

Praktisch jede Gemeinde hat ihren Zonenplan, der in den Dörfern die »antiurbane Ideologie« bis aufs i-Tüpfelchen als alleinseligmachende Bauweise festschreibt, die historischen (und eben »städtischen«) Dorfzentren zur musealen Kulisse reduziert und rund um diese sinnentleerte Kulisse herum die Zersiedelung der Landschaft bis zum Exzeß vorantreibt.

So kam es zum Beispiel zur grotesken Situation, daß es im Südtessin, wo die lombardische, dreistöckige »casa dei tre piani«, meist ein eher schmales, langgezogenes Rechteck, die Regel war, Baunormen gibt, die über weite Zonen ein- und zweistöckige Einfamilienhäuser vorschreiben, sogenannte »villette«, die ab Stange verkauft werden und massenhaft Bauland konsumieren. Was da in welchen Zusammenhängen und zu welchen Zwecken in die Landschaft gestellt wird, kümmert die Bürokraten nicht, Hauptsache, die Baunormen werden rigoros eingehalten.

Ausnahmen, wie die von Snozzi projektierte und bereits begonnene Reorganisation des Zentrums von Monte Carasso bei Bellinzona sind in diesem Zusammenhang als »kleine Wunder« zu verstehen.

2

Monte Carasso, eine 1600-Seelen-Gemeinde an der Peripherie von Bellinzona, ist bisher der einzige Ort, an dem Luigi Snozzi städtebauliche Ideen in einem Gesamtkonzept – wenn auch erst teilweise – verwirklichen konnte. Den Auftrag verdankt er zudem einer Art politischem »Unglücksfall«. Der Zonenplan von Monte Carasso war nämlich bereits unter Dach, als gegen die vorgesehene Verlegung der Primarschule an die Peripherie vom Volk das Referendum ergriffen wurde. Die Gemeinde beauftragte Snozzi, einen Vorschlag auszuarbeiten, wie man die Schule in das zentral gelegene historische Klosterareal integrieren könnte.

Aus diesem Auftrag entwickelte sich eine breite Diskussion über Sinn und Unsinn der Zonenplanung, die ursprünglich darauf abzielte, Monte Carasso auf alle Zeiten zu einem Schlafdorf der Hauptstadt Bellinzona zu machen. Resultat der Auseinandersetzung: Snozzis Auftrag wurde um weitere öffentliche und private Anlagen und Bauten erweitert mit dem Ziel einer vollständigen Renovation und Sanierung des historischen Zentrums in Etappen.

Dem Zentrum soll seine Funktion als öffentlicher Ort mit diversen religiösen und zivilen Institutionen zurückgegeben werden. Dies wird durch eine baumbestandene Ringstraße realisiert, die in betontem Abstand das Sanierungsareal einfaßt. Die Ringstraße führt von der Kirche und am erweiterten Friedhof vorbei zu einem

Interieur der »Casa Snider«

»Casa Guidotti« in Monte Carasso, 1982

Richtplan für die Restrukturierung in Monte Carasso, 1981 und folgende; A) Gemeindehaus, B) Primarschule im alten Kloster, C) Turnhalle mit Gemeindedepot und holzbetriebener Heizungszentrale, D) und F) Friedhof mit Erweiterung, E) Kindergarten, G) Haus des Bürgermeisters Guidotti, H) Raiffeisenbank, I) »Casa Cattani« und, rechts außen, das Mehrfamilienhaus »Verdemonte«

Platz, in den die Turnhalle, das Gemeindedepot und die mit Holz betriebene Heizzentrale »versenkt« wurden. Mit diesen bereits realisierten Bauten entstand eine große Plattform südlich des Klosters, die die tieferliegenden Wohnquartiere des Dorfes dominiert. Ein neues Abgrenzungselement an der Südseite des Dorfplatzes mit Kirche, Schule und Gemeindehaus wird mit dem Bau des Kindergartens geschaffen. Dessen Realisierung ist allerdings auf unbestimmte Zeit verschoben, denn als nächster Schritt soll zuerst das alte Augustinerinnen-Kloster restauriert werden. Die heute dort stehende barackenähnliche, aus vorfabrizierten Elementen gefertigte Primarschule wird entfernt und die neu zu bauende Schule in das Klosterareal integriert. Erst wenn diese zweite Bauetappe realisiert ist, wird man die Dimension des Sanierungsprogramms ermessen können.

Als kleines Wunder ist in diesem Zusammenhang wohl auch die Haltung des Bürgermeisters Flavio Guidotti zu bezeichnen. Der »Sindaco« hat sich so stark mit den grundlegenden Aspekten des neuen Planes identifiziert – mit der Rückverwandlung des zerfallenen historischen Zentrums in ein aktives Bürgerzentrum der Neuzeit –, daß er auch für sich persönlich die Konsequenzen daraus zog. Guidotti: »Diese Situation des tiefen Einbezogenseins hat mich jedenfalls für ein persönliches Problem – den Bau meines eigenen Wohnhauses – sensibilisiert. Die Tatsache, daß es am Rande des neuen Zentrums entstand, hat mir bewußt gemacht, daß auch ein Privathaus von öffentlicher Wichtigkeit sein kann.« Es ist ein Betonwürfel von Snozzi.

Sowohl das Haus des Bürgermeisters, ein kleiner, vorläufig noch isolierter Turm mitten im Rebberg,

**Monte Carasso, die
Turnhalle**

dort, wo später die neue Ringstraße
Richtung Turnhalle abzweigen wird,
wie die neue Raiffeisenbank, ein Kubus, der die Ringstraße gegenüber der
Schule akzentuiert, sind zwei Elemente, die ursprünglich im Sanierungsprogramm von Snozzi nicht vorgesehen waren. Sie sind der Anfang
einer Entwicklung, die schließlich
dazu führen soll, daß die Sanierung
des historischen Zentrums mit dem
Klosterareal nicht eine abgeschlos-
sene Restauration im denkmalpflege-
rischen Sinn wird, sondern ein Neube-
ginn für die Besiedlung und Belebung
eines Dorfes, das auf dem Weg war,
der totalen Zersiedlung und der Zerstörung seines historischen Charakters zum Opfer zu fallen.

    Für das Auge des Besuchers prä-

Monte Carasso, Säulengang der Turnhalle

sentiert sich das ganze Konzept noch als »work in progress«. Die bisher realisierten Bauten können erst in Ansätzen das vermitteln, was aus diesen verschiedenen Eingriffen als Ganzes einmal werden soll. Aber für den Architekten Luigi Snozzi ist es immerhin bereits heute ein Beweisstück dafür, daß das, was er während Jahren predigte und dozierte und projektierte auch dann Bestand hat, wenn man es in die Wirklichkeit umsetzt.

Ob diese Wirklichkeit dem Sanierungsmodell, das er in geduldiger Kleinarbeit und in engem Kontakt mit Behörden und Bevölkerung von Monte Carasso erarbeitet hat, letztlich je ganz entsprechen wird, hängt von vielen – vorwiegend wirtschaftlichen und politischen – Faktoren ab.

Raiffeisenbank

3

Zu Euphorie besteht kein Anlaß, und Snozzi weiß, daß dieser »Sonderfall Monte Carasso« wenig an der generellen Entwicklung der tessiner Ortschaften ändern wird. Was die Position und die Arbeit der »neuen tessiner Architekten« betrifft, so ist er sogar überzeugt, daß das, was vor zwanzig Jahren Aufbruch zu neuen Ufern war, in die Sackgasse geführt hat. Die interdisziplinäre Arbeit, bei der der Architekt gewissermaßen der »Deus ex machina« war und als Organisator fungierte, der von allem etwas verstand, hatte sich als Reinfall entpuppt. Es kam zur Rückbesinnung auf die Architektur als autonomer Disziplin; eine Architektur mit Regeln, Normen und Werten, die weder zur Soziologie noch zu einer andern Disziplin gehören. Die Form – also das, womit sich der Architekt ausdrückt – wurde als fundamentales Element und als Wert an sich wiederentdeckt. Und jene, die das »Mißlingen« der interdisziplinären Arbeit erlebt hatten, erhofften sich von dieser Wiederentdeckung der Autonomie des Architekten einen neuen Aufbruch: die Postmoderne wurde angekündigt.

»Aber«, sagt Snozzi, »so kam es nicht. Der Postmodernismus, geboren als Kritik an der zunehmenden Konsumhaltung, wurde konsumistischer als die Konsumgesellschaft. Die Autonomie des Architekten wurde zur Ausrede des Architekten, sich einen Namen zu machen oder das zu projektieren, was ihm gerade in den Kram paßte. Diese Autonomie ist kein Su-

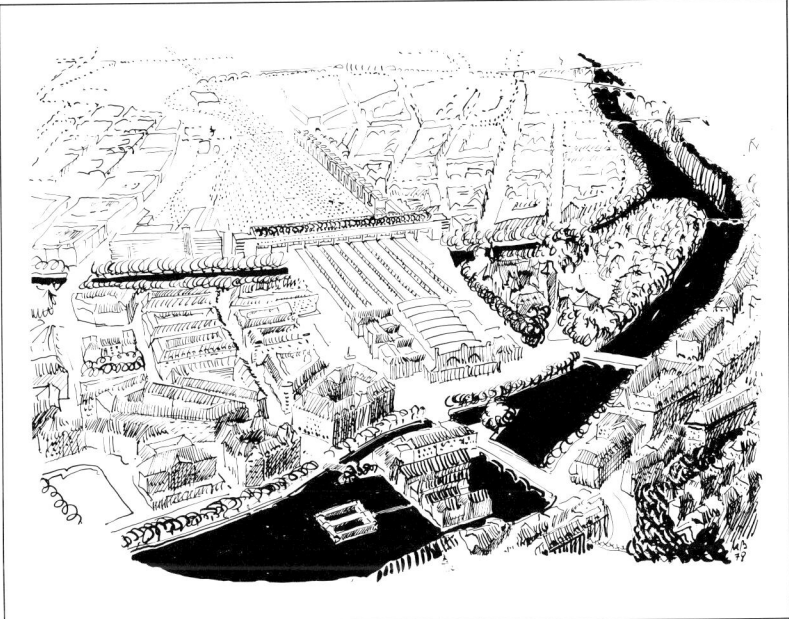

Handzeichnung von Mario Botta für das Projekt Snozzi-Botta, Hauptbahnhof Zürich

chen mehr nach einem Dialog, sie ist die reine Involution, der Bankrott. Alles bricht auseinander, und auch wir stecken mitten drin. Es ist bitter, aber wir kommen um das Geständnis nicht herum: Wir haben keine Alternativen für die Stadt. Wir können höchstens Widerstand leisten gegen diese Involution.« Widerstand leisten, das ist ein immer wiederkehrendes Thema bei Snozzi. Er versteht darunter nicht einfach ein steriles Dagegensein, sondern Widerstand im Sinne der italienischen »resistenza« – einen aktiven Widerstand der Vorschläge und Alternativen – und wo es möglich ist, auch der Verwirklichung von Alternativen.

Snozzis Vorschläge bei größeren Projektwettbewerben sowohl für Einzelbauten wie für Großüberbauungen

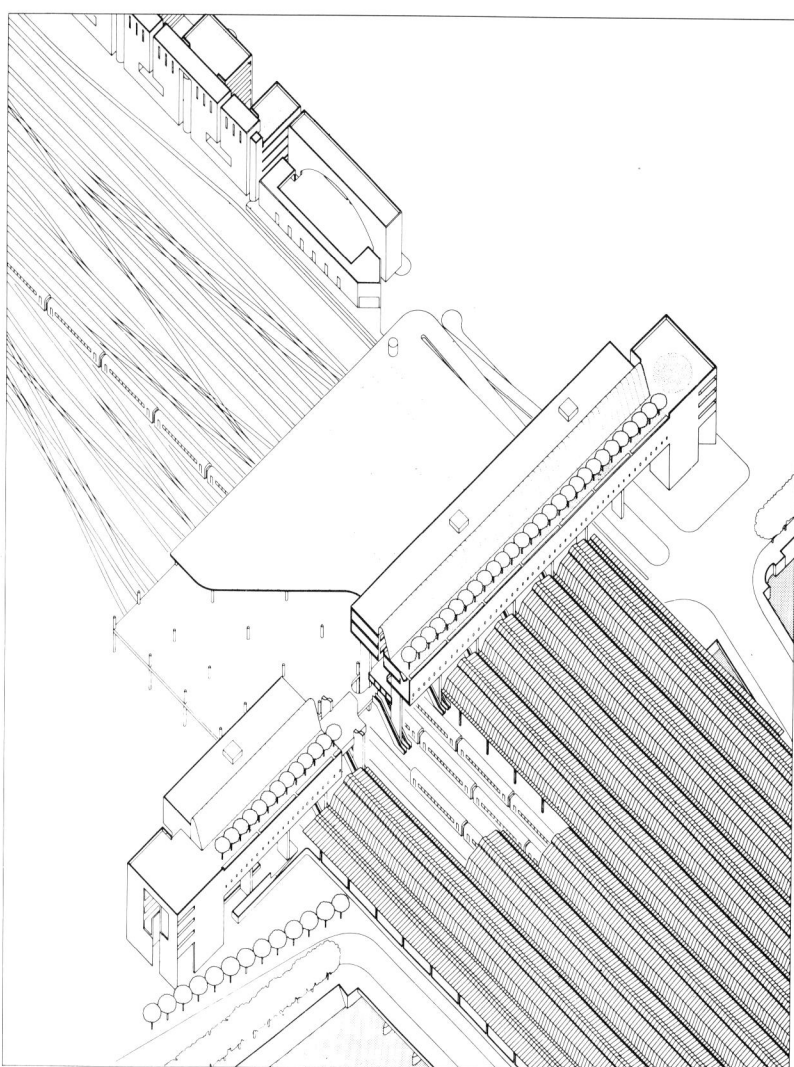

Entwurf Hauptbahnhof Zürich; das ausgeschiedene Projekt des ersten Wettbewerbs zeigt jenen Riegel, der für den zweiten Wettbewerb zur Bedingung gemacht wurde

und seine Entwürfe für die Stadt atmen samt und sonders den Geist dieser Guerilla-Position. Typisch für diese Haltung ist sein Wettbewerbsbeitrag (zusammen mit Mario Botta) für das Erweiterungsprojekt «Zürcher Bahnhof». Von Anfang an rechneten die beiden mit einer Disqualifikation, indem sie eine Reihe von Vorgaben, die das Wettbewerbsprogramm vorsah, gar nicht wahrnahmen, um zu einer Lösung zu gelangen, die ». . . mit unserer Interpretation der Stadt weitaus

kompatibler wäre . . .«. Selbstverständlich ist auch dieses Projekt Projekt geblieben, ausgeschieden. Die Pointe aber: Für die zweite Wettbewerbsrunde, zu der Snozzi/Botta nicht mehr zugelassen waren, machte die Zürcher Baubehörde die Grundidee von Snozzi/Botta, nämlich die Verknüpfung der beiden Stadtseiten über eine Hausbrücke, zur Vorgabe für alle Teilnehmer.

Bei zahlreichen Vorschlägen Snozzis für Projektwettbewerbe gewinnt man den Eindruck, er habe sich nur daran beteiligt, um aufzuzeigen, daß das Wettbewerbsprogramm, beziehungsweise die an die Teilnehmer gestellten Forderungen, von falschen Voraussetzungen ausgehen, daß diese Forderungen eine gute Lösung verunmöglichen.

»Jeder Eingriff bedingt eine Zerstörung; zerstöre mit Verstand.« Diese Maxime, die Luigi Snozzi auch seinen Schülern mit auf den Weg gibt, könnte in ihrer Direktheit den Verdacht der Rücksichtslosigkeit oder Überheblichkeit aufkommen lassen. Das Gegenteil ist der Fall. Es gibt wohl nur wenige, die mit soviel Umsicht an ein Projekt herangehen wie Snozzi. Jede Projektstudie beginnt bei ihm mit einer ausführlichen, kritischen Analyse des Ortes: Dies nicht nur in Bezug auf die Topographie und die bereits vorhandene Architektur, sondern auch auf die Geschichte des Ortes: Was war früher und was ist jetzt? Getreu dem Prinzip, daß die Natur nur die Wahrheit erträgt, sieht er sein Projekt zuerst als Instrument der Erkenntnis und erst in zweiter Linie als Instrument der Veränderung. Erst wenn die Erkenntnis ausgereift ist, wird verändert. Bei Snozzi geschieht dies mit einer Sparsamkeit des architektonischen Ausdrucks, der – wie Vittorio Gregotti es ausdrückt – dafür sorgt, daß »jeder Eingriff im Be-

wußtsein der absoluten Notwendigkeit« geschieht. Das Monumentale und das Überladen mit einer Vielfalt von Elementen ist ihm fremd. Der Architektur-Kritiker Kenneth Frampton liest denn auch bei Snozzi – obwohl von der italienischen »tendenza« beeinflußt – eher eine deutsche als eine mediterrane Architektursprache.

»Corbusier ist ein bißchen der Vater von uns allen«, sagt Snozzi und bestätigt, daß er auch vom Gedankengut des Bauhauses stark geprägt ist. Er

betrachtet die Epoche der Bauhaus-Architekten nach wie vor als »einen der progressivsten Momente in der neueren Architekturgeschichte, weil sie das Kollektivhaus zum zentralen Anliegen gemacht hat, ein Anliegen, das heute vom Postmodernismus zunichte gemacht wird.«

Im Gegensatz zu anderen Architekten der neuen tessiner Architektur ist Snozzi bestrebt, seine Bauten auf die Natur oder auf die Geschichte eines Ortes hin zu öffnen, nicht im Sinne

Überbauung »Verdemonte« in Monte Carasso

**»Verdemonte«: Ansicht
und Situationsplan**

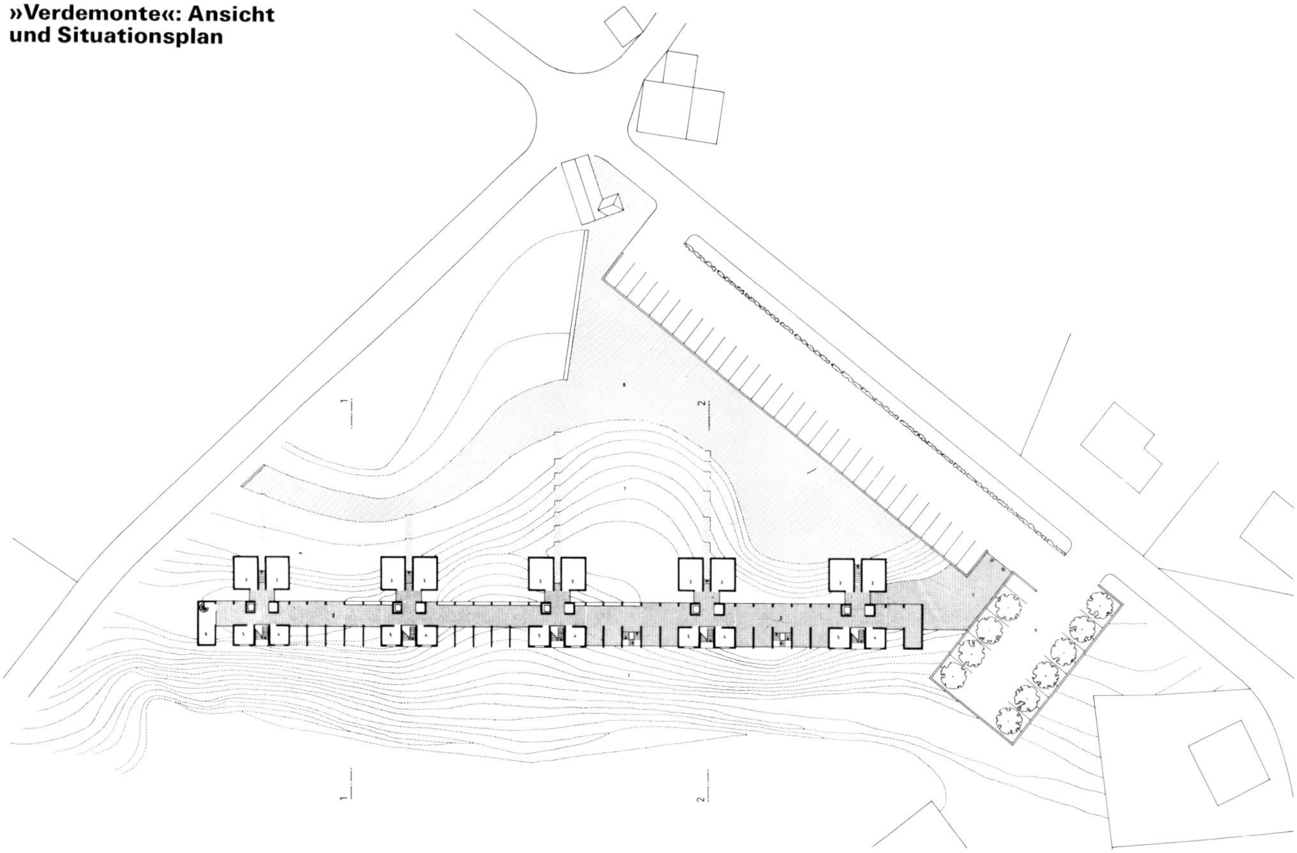

einer Anpassung des Objektes an eine »Postkarte«, sondern durch den Einbezug der Landschaft ins Innere des Hauses. Jedes Objekt, andererseits, davon ist er überzeugt – und darin geht er auch mit seinem Kollegen Botta einig –, jedes Gebäude, das in die Landschaft gestellt wird, ist eine Antithese zur Natur. Als Beispiel führt er die steinernen Dörfchen in den Tessiner Bergtälern, zum Beispiel im Maggiatal oder im Val Bavona auf, rein geometrische Formen, die in keiner Art und Weise an die Landschaft »angepaßt« sind; kleine »Städte« in einem harten Kontrast zur Landschaft. Bei der Diskussion um die Erhaltung dieser Rustico-Siedlungen, um ihre »Schönheit«, kann er sogar richtig in Eifer geraten: »Der Deutschschweizer – auch der engagierte – sieht in der Regel in solchen Anlagen, seien es nun Bergdörfchen oder zum Beispiel die Piazza Grande von Locarno, immer nur die ästhetisch-formale, die ›schöne‹ Seite. Für ihn ist das alte Haus ›schön‹ und deshalb erhaltenswert. Für uns ist das kein Kriterium. Wir betrachten diese Häuser eher mit Bitterkeit. Sie sind Symbol der Schmerzen, der Misere und eines sehr harten, entbehrungsreichen Lebens. Da wir wissen, welchen Stellenwert diese Häuser im Leben unserer Vorfahren hatten, können wir ein renoviertes Rustico mit Geranien nicht schön finden, wir entdecken in diesen Armuts- und Hungerhäusern keine Romantik. Wir sind eigentlich eher dafür, sie zerfallen zu lassen, als sie zu restaurieren. Die Ruine hat uns mehr mitzuteilen, als eine Renovation, die auf eine Imitation hinausläuft. Die Geschichte, die in diesen Steinen steckt, ist viel zu wichtig, als daß man daraus einen Konsumartikel für touristische Zwecke macht.«

Daß man sich mit solch radikaler Position weder diesseits noch jenseits der Alpen beim »Establishment« beliebt macht, ist der Preis für intellektuelle Redlichkeit. Hier, im Suchen nach den historischen Werten der Architektur, im Erforschen dessen, was in solcher Architektur auch heute noch von aktuellem Wert sein kann, liegt denn auch das vielleicht »Tessinische« an Snozzis »neuer tessiner Architektur«. Es ist keine Rückkehr zu den Wurzeln, aber ein großer Respekt vor ihnen beim Verändern und beim Erneuern. Es geht Snozzi – und das kommt in seinen Stadtplanungsprojekten immer wieder heraus – nicht darum, überlieferte Ästhetik zu erhalten, indem man sie zum Museum macht, sondern darum, mit ihr in einen Dialog zu treten, Neues zu schaffen, das mit dem Alten kommuniziert und mit ihm zusammen Bestand hat. Snozzi drückt es so aus: »Die Resultate (solcher Projektierung) werden also weniger am Eingriff selbst, als anhand der Relationen innerhalb eines Ensembles, die diese mit Bezug auf den Ort etablieren sollen, deutlich, da ja gerade der innere Zusammenhang des Ensembles Ursprung der neuen Werte ist.«

Der Widerstand, den Snozzi nun seit 30 Jahren leistet, sowohl vom Katheder aus wie am Zeichentisch, ist die Frucht eines Denkens und Handelns, das die soziale Verantwortung bei jeglicher Art von Architektur und architektonischer Intervention in den Vordergrund stellt. »Mit Architektur«, sagt er, »machst du keine Revolution. Aber die Revolution genügt andererseits nicht, um Architektur zu machen. Der Mensch braucht beides.« g. z.

Mario Botta: Häuser wie Hoffnungen

Architekt Mario Botta

1

CH-6852 Genestrerio, im Mendrisiotto, Südzipfel der Schweiz; 500 Einwohner, eine Kirche, ein Gemeindehaus, fünf Osterias, mehrere Tankstellen und mitten durch den Dorfplatz die Hauptstraße, die Mendrisio, den Distrikthauptort, mit dem Grenzübergang Gaggiolo und Italien verbindet. Fast pausenloser Verkehr, hunderte von Lastzügen, tausende von motorisierten Grenzgängern – ein kleines Inferno. Wer das Pech hat, an der Hauptstraße oder an der Piazza in einem der alten lombardischen Häusern des Dorfzentrums zu wohnen, kann davon ein Lied singen. Die Fenster und Türen zittern bei jeder Durchfahrt eines Lastwagens, die Gläser im Buffet tanzen und summen dazu die Begleitmusik.

»Wer in Genestrerio aufgewachsen ist wie ich«, sagt Mario Botta, »dem kann nichts mehr passieren. Der hat die ganze Welt aufgenommen.« Der 42jährige tessiner Architekt, inzwischen das international bekannte Aushängeschild für »neue tessiner Architektur«, meint dabei allerdings nicht das heutige Genestrerio. Er denkt an die fünfziger Jahre, als man in Genestrerio noch lebte, »wie auf der Arche Noah«, vielleicht nicht in einer heilen Welt, aber in einer ganzen.

Mario Botta wurde 1943 als drittes Kind und als »Nachzügler« geboren. Als er sieben Jahre alt war – Bruder und Schwester waren bereits erwachsen – verließ der Vater die Familie, und Mario wuchs allein mit seiner Mutter auf. »Sie war eine hagere, starke Frau mit pechschwarzem Haar, gläubig und arbeitsam. Sie kam aus dem italienischen Uggiate, gleich jenseits der Grenze, und sah aus wie eine der Frauenfiguren von Giacometti. Ihr Leben lang hat sie gearbeitet, aus Notwendigkeit. Immer hat sie dabei den sozialen Wert der Arbeit in den Vordergrund gestellt. Der Mensch arbeitet in erster Linie, um den andern zu helfen; das war ihre feste Überzeugung. Wenn ich schwerwiegende Entscheidungen zu treffen habe, taucht sie heute wieder vor mir auf – eine mutige Frau. An den Vater habe ich nur verschwommene Erinnerungen. Es gab keine Ersatzfigur für ihn. Das beschränkte Dorfleben gab den Eltern, in meinem Fall der Mutter, große Macht. Sie war alles, Mutter, Vater, Ratgeberin, Ernährerin und Ärztin.«

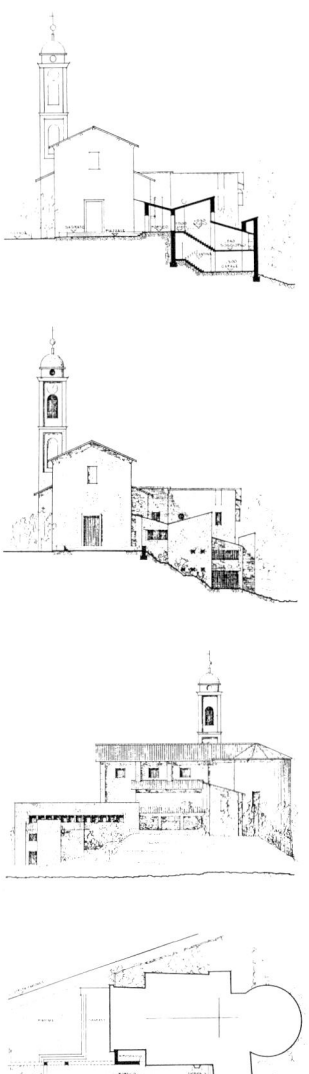

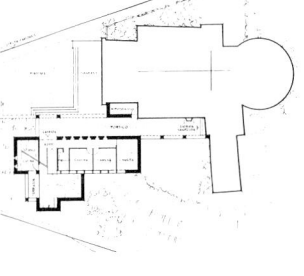

**Pfarrhaus in Genestrerio
1961–63**

Die »ganze Welt« von Genestrerio
– das war ein altes, ärmliches Haus im
Dorfzentrum, Mauer an Mauer mit andern Häusern gleichen Charakters.
Dreistöckig, mit Innenhof, die Toilette
im Freien, Küche, Loggia, eine Stube
und die Schlafzimmer. »Unsere wirkliche Stube war die Piazza, ein Ort der
Gemeinsamkeit. In diesem Dorf aufzu-
wachsen, das hieß mitten im Kollektiv
leben, die Leiden und Freuden der
Dorfbewohner täglich miterleben. Das
Dorf war ein geschlossenes Ganzes,
eine archaische, rurale Welt, in der alle
zu allen gehörten. Drum herum und
streng abgetrennt vom Dorf die Felder
und Wiesen – Landwirtschaft. Das
tägliche Leben war auf den regelmäßigen Ablauf der Jahreszeiten einge-
spielt. Wenn der Mähdrescher ins Dorf
kam, dann wußten die Kinder, jetzt ist
wieder Ernte.«

Die Piazza – die »Stube« der Bewohner von Genestrerio – diente auch
als Turnhalle und Fußballplatz, und
Botta erinnert sich: »Wenn ein Auto
kam, dann war es meistens der Frangi
aus Stabio, ein Taxifahrer. Dann unter-
brachen wir das Spiel, schauten dem
Gefährt nach und darauf konnten wir
wieder spielen, manchmal stundenlang, ohne daß ein Fahrzeug kam.«

Beim Fußballspiel, erinnert er
sich, stand er meistens im Tor. Nicht,
weil er ein guter Torhüter gewesen
wäre, sondern weil er klein und eher
zerbrechlich war. Mariolino nannten
ihn die Kameraden, und wenn er
konnte, pflegte er sich aus den Raufe-
reien herauszuhalten. Seine Konstitu-
tion war nicht die eines Frontkämp-
fers, auch später nicht, als er in Venedig – 1968 wars! – an der Hochschule
für Architektur die Besetzungen und
Straßenkämpfe der Studenten mit-
machte. »Da war ich mit dabei – aber
meistens hinten, nämlich als Telefo-
nist.«

Einfamilienhaus in Stabio, 1965–67

←
Pfarrhaus Genestrerio

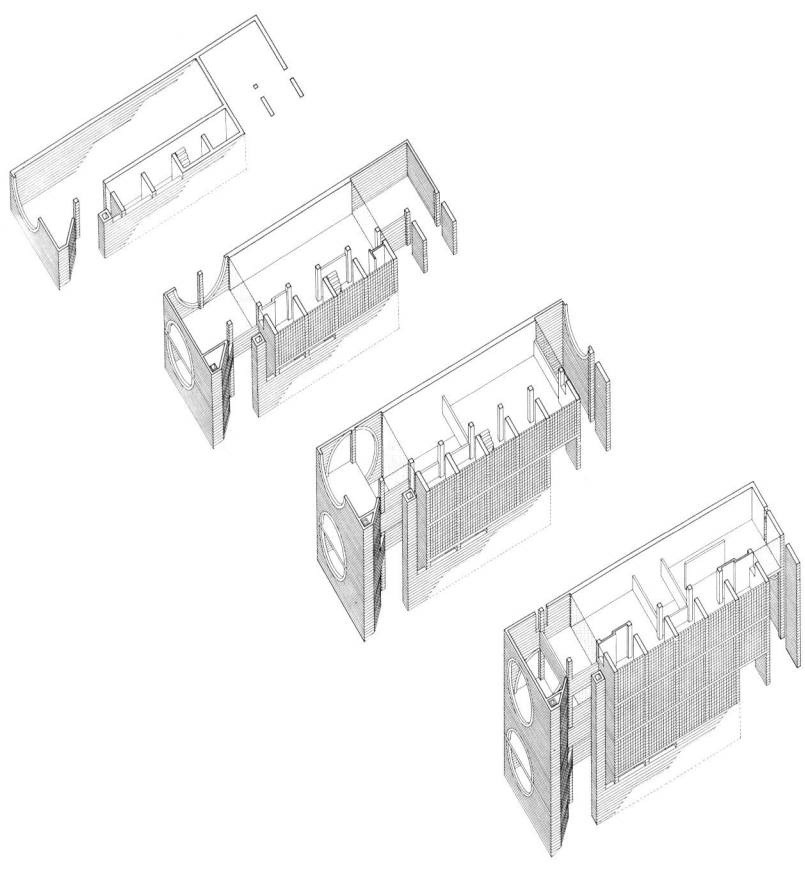

Das ärmliche Haus seiner frühen Jugend hat er nicht als armselig in Erinnerung, denn sein Haus, seine »Residenz«, war das ganze Dorf: »Die Natur hat den Rhythmus unseres Lebens bestimmt. Wir lebten ein wenig wie die Tiere: wenn es kalt wurde, rückte man zusammen. Arm waren wir, verglichen mit heute, lediglich an technischem Komfort, nicht an Lebensqualität. Ich behaupte, wir waren bedeutend reicher als Kinder von heute. Ich sage das nicht aus Nostalgie, aber ich bin froh, die Übergangszeit erlebt zu haben. Das ist der große Vorteil meiner Generation, daß wir beides mitbekommen haben, die archaische Zeit und die Zeit, in der die Menschen auf den Mond fliegen.«

Wenn man heute auf die Piazza von Genestrerio geht, ist sie verwüstet. Die Fassade der Kirche – auf ihr ein »trompe l'œil«, das den Bau als konkav erscheinen läßt – ist verwittert. Gleich dahinter kommt eine Disco, es folgen Tankstellen. Der Platz selbst ist durch die Verbreiterung der Straße zersprengt worden.

Die »Campagna Adorna«, ehemals eine prächtige Waldlandschaft zwischen Mendrisio und Genestrerio, ist wieder ein Wald – aus gigantischen Erdöltanks. Rund ums Dorf wachsen die Einfamilienhäuschen mit Rasen und Gartenzaun ins Grüne hinaus, kleine, private Einzelzellen, in denen jeder für sich, ausgestattet mit den Segnungen der Technologie, glücklich oder unglücklich werden kann.

Den Reichtum der »armen« Häuser aus Genestrerio sucht Botta auch heute bei seiner Architektur in der Einfachheit und Klarheit der Materialien und Formen zum Ausdruck zu bringen. Da gibt es keinen teuren »Finish« und dekoratives Übermalen und Überkleistern von »häßlichem« Rohmaterial. Wenn Farbe dabei ist, steckt sie von Anfang an im Baumaterial. In den Häusern der »armen« Dörfer sind die starken Formen verwirklicht, die er sucht und mit denen er heute gegen die Zerstörung der Welt seiner Kindheit protestiert; er findet sie auch mal in einem Stall, der mitten auf einer Wiese steht und sich erfolgreich gegen die Zementwüste der Bauzonen behauptet.

Mit 11 Jahren ging Mario Botta nach Mendrisio aufs Gymnasium. Außer Turnen, Zeichnen und Mathematik (»weil man da nichts lernen mußte«) hat ihn nichts interessiert: »Ich habe immer eine sehr negative Einstellung zur Schule gehabt. Schon in den Kindergarten ging ich nicht gerne. Ich erinnere mich an keine Lehrer, nur an den Pausenhof. Nach Schulschluß warf ich den Schulsack in eine Ecke, am nächsten Morgen packte ich ihn wieder, und das wars. Wenn ich heute sehe, wie meine eigenen Kinder immer mit Heften und Büchern herumhantieren . . .«

Die »Karriere« als Gymnasiast hat er nach der vierten Klasse, mit 15 Jahren, abgebrochen. Er wollte entweder Turnlehrer oder Zeichner werden. Um Turnlehrer zu werden, hätte er aber ins Lehrerseminar eintreten müssen, und deshalb ging die Mutter mit ihm zum Dorfpfarrer und der kannte jemanden, der einen Architekten kannte und dieser Architekt war Tita Carloni, mit einem richtigen Architekturbüro in Lugano. Dieser Tita Carloni nahm den 15jährigen Mariolino aus Genestresio als Bauzeichnerlehrling auf.

Lehrling sein, das hieß erst einmal im Winter für das ganze Büro im Caffè Capuccino und Sandwiches beschaffen, im Sommer Bier, Gazosa und Nußgipfel. Es hätte, bei jedem andern, auch mehr oder weniger dabei bleiben können. Anders bei Botta: »Vom ersten Tag an habe ich gewußt, daß das

meine Welt war. Carloni war mein Glück. Er hat es gemerkt und hat mich machen lassen. Zu Hause habe ich gezeichnet und gezeichnet, oft bis tief in die Nacht. Das schlimmste waren die Sonntage: ich konnte fast nicht warten, bis es wieder Montag war.«

Mit 16 Jahren hat Mario Botta sein erstes Haus gebaut. Das ist kein Witz, sondern eine Geschichte, wie sie sich eben nur in einem solchen Dorf, das die »ganze Welt« bedeutet, ereignen kann. Ein Verwandter seiner Schwägerin kam eines Tages daher und sagte: »Mariolino, du kannst doch Häuser zeichnen? Ich habe in Morbio ein Stück Land – mach mir dort ein Haus.«

Botta hat sofort zugegriffen. Mit dem Postauto pflegte er von Genestre-

Einfamilienhaus in Cadenazzo, 1970–71 (linke und rechte Seite)

rio die paar Kilometer nach Morbio hinauf zu fahren, auf den ersten Bauplatz seines Lebens. »Ich sah zu, wie sich der Trax in diesen alten Rebberg hineingrub – das war eines der stärksten Gefühle, die ich je gehabt habe. Ich hatte noch kurze Hosen an, und die Bauarbeiter schimpften: ›Das Betreten der Baustelle ist Unbefugten verboten. Das ist viel zu gefährlich für Kinder.‹ Ich aber habe gewußt – hier, auf dieses Stück Boden wird die Sonne nicht mehr scheinen. Ich war mir bewußt, daß ich hier eine natürliche Situation in eine künstliche umwandelte. Und ich war fest überzeugt davon, daß ich das schönste Haus der Welt baute.«

Das Haus ist inzwischen durch verschiedene Anbauten in etwas verwandelt worden, das mit dem »schönsten Haus der Welt« nicht mehr viel zu tun hat; es ist verschwunden.

Aber der zweite »Streich« folgte schon zwei Jahre später, als Lehrmeister Carloni das neue Pfarrhaus von Genestrerio hätte bauen sollen, dazu

Einfamilienhaus in Ligornetto, 1975–76; Skizzen und Situationsstudien

aber keine Zeit hatte, weil er mit den Entwürfen für die EXPO 64 in Lausanne beschäftigt war. Da sein Lehrling Botta aus Genestrerio und erst noch vom Pfarrer vermittelt worden war, lag es nahe, ihm den Auftrag weiterzugeben. Zusammen mit dem Pfarrer überzeugte Carloni den Kirchenrat, kontrollierte die Arbeit seines Lehrlings aus der Distanz, und hinter der Kirche von Genestrerio entstand Marios zweites Haus, das in der Architektur-Publizistik als erstes Botta-Haus geführt wird.

Es ist ein solider, fast behäbig wirkender Bau aus Bruchstein und Zement, geschickt in der Verlängerung der Kirche in einen kleinen Abhang hineingestellt. Gegen die Straße abweisend, öffnet sich das Haus landeinwärts. Es wäre die klassische Bauweise des Landes, mit zurückgenommener Loggia und einer gewissen schwermütigen Gedrungenheit, würden nicht schon die hinter die Außenmauern zurückgenommenen Fenster auf den späteren Botta verweisen, bei dem die Fenster ja kaum je in der »Haut« des Gebäudes erscheinen. Und statt des erwarteten Satteldaches konzipiert der junge Architekt eine dreiteilige Abfolge von Pultdächern – Spiel und Variation mit den Elementen der unmittelbaren Heimat. Man befindet sich drei Schritte von dem Platz weg, auf dem der kleine Mario Fußball spielte.

2

Die Lehrzeit im Studio von Tita Carloni hat er als gute Zeit in Erinnerung, besonders was das Verhältnis zu seinem Lehrmeister betrifft: »Bei ihm habe ich gelernt, wie man an eine Arbeit herangehen muß. Er hatte sowohl ein kreatives wie ein moralisches Verhältnis zur Arbeit. Das war mein Glück. Bei einem andern Lehrmeister wäre ich vielleicht einer der üblichen Architektur-Geschäftsleute geworden.«

Was aber die Lehrzeit im Zusammenhang mit der Schule betrifft, so kommt auch hier wieder jener Mariolino zum Vorschein, der seinen Schulsack nach der Schule in eine Ecke warf: »Ein Haufen Theorie, die nichts nützt. In der Architektur ist es wie in der Liebe. Was nützen dir die schönsten Theorien, wenn du kein Mädchen hast, das du bei der Hand nehmen kannst? Als Architekt wird man weder geboren noch wird man es in der Schule. Architekt wird man nur, indem man Architektur macht. Das gilt auch für das Design. Ich kann den schönsten Stuhl auf dem Papier entwerfen. Aber ob er stimmt und das ist, was ich wollte, das kann ich erst sagen, wenn ich ihn vor mir habe, wenn ich ihn berühren und draufsitzen kann.«

Trotz dieser handwerklichen Auffassung von Architektur, nahm Botta die 6000 Franken, die er als Honorar für das Pfarrhaus von Genestrerio kassiert hatte, als Grundkapital, um in Mailand – in zwei statt in vier Jahren – die Matura nachzuholen und sich schließlich in Venedig an der Fakultät für Architektur einzuschreiben. Mit 21

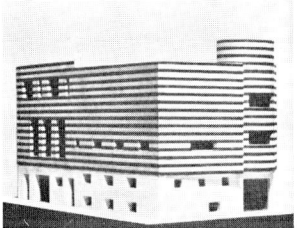

Adolf Loos: Modell eines Wohnhauses für Joséphine Baker 1928

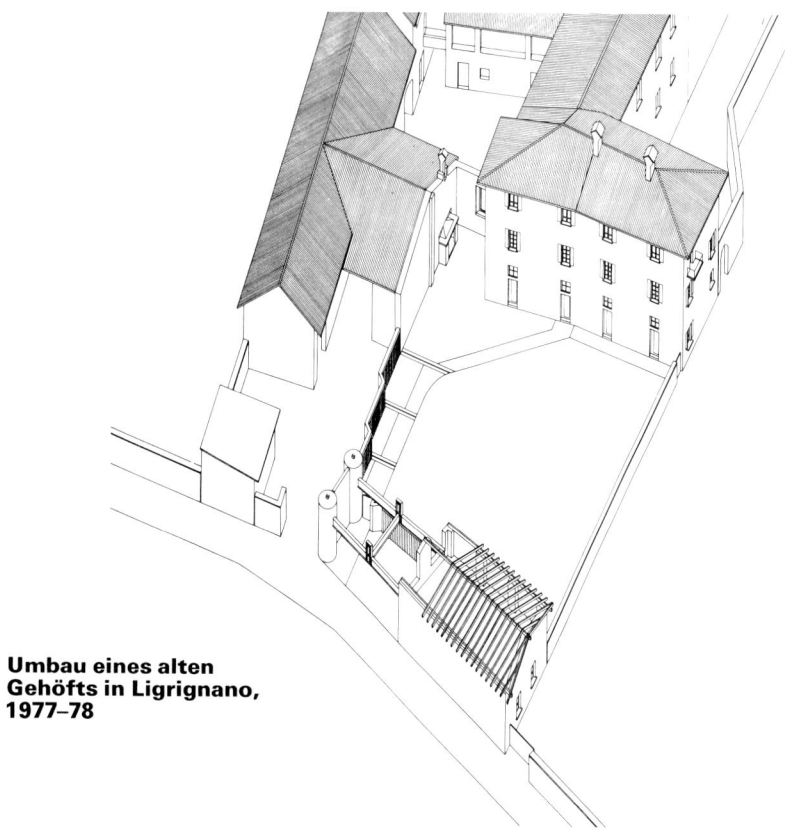

Umbau eines alten Gehöfts in Ligrignano, 1977–78

das Stadtzentrum von Bellinzona gemacht.

In die Studienjahre in Venedig fallen die beiden Schlüsselerlebnisse im Architekten-Leben von Mario Botta. Der Zufall wollte es, daß Le Corbusier der Stadt Venedig das Projekt eines Spitals präsentiert hatte, selbst aber in Paris wohnhaft blieb. Botta: »Etwa 700 Studenten wollten Assistent im Corbusier-Büro für dieses Projekt werden. Ich wollte es unbedingt und habe es auch geschafft.«

Botta arbeitete zuerst ein halbes Jahr als Assistent im Corbusier-Büro in Venedig. Den Meister selbst hat er in diesem halben Jahr nicht gesehen. Er hoffte, dies in Paris nachholen zu können, als er im August 1965 als Verbindungsmann für das Projekt in Venedig nach Paris gerufen wurde. Drei Tage bevor er an der Rue de Sèvres 35 eintraf, starb Le Corbusier.

Mario Botta hat zwei Jahre später in Stabio, wenige Kilometer von der Wohngemeinde seiner Kindheit entfernt, sein zweites (drittes . . .) Haus gebaut, eine eigentliche Hommage an Le Corbusier; ein Botta-Haus zwar, aber mit vielen Zitaten aus dem Vokabular des großen Meisters. »Eine einfache Blume auf der Mendrisiotto-Ebene, die der große und stolze Le Corbusier nicht ohne ein rührendes Lächeln und einen Haufen rascher Fragen anfechtender Art über die Legitimität dieser Huldigung empfangen hätte«, wie sich Bottas Lehrer für Kunstgeschichte, Giuseppe Mazzariol, später ausgedrückt hat.

Das zweite Ereignis, das ihn tief geprägt hat, fand kurz vor Abschluß seiner Studien statt. Er begegnete Louis Kahn, dem Mann, den er auch heute noch für den größten Architekten des Jahrhunderts hält. Kahn bereitete in Venedig seine Ausstellung im Palazzo Ducale vor, und Botta führte

Jahren hatte er eine fixfertige Bauzeichnerlehre, eine Matur und bereits zwei Häuser gebaut, ein »Startkapital« wie es wohl selten einer mitbringt, der sich dem Architekturstudium widmet.

Und da er offenbar immer genau wußte, was er wollte, stürzte er sich auch in Venedig, inmitten von politischer Unruhe und Kontestation, in die Arbeit. Den kulturellen Background, von dem später auch seine Kollegen im Tessin profitieren sollten, holte er sich beim Kunsthistoriker Giuseppe Mazzariol, das architektonische Rüstzeug beim strengen Carlo Scarpa, der als so bärbeißig und anspruchsvoll galt, daß die meisten ihn mieden. Botta mußte den Meister lediglich mit zwei andern Studenten teilen und hat bei ihm auch seine Diplomarbeit über ihm die Reinzeichnungen aus. Da Kahn kein Italienisch und Botta kein Englisch konnte, »haben sie manchmal stundenlang herumgestikuliert«, wie sich ein Kollege Bottas erinnert. Für wichtige Absprachen wurde dann eine Dolmetscherin beigezogen.

Am Ende seiner Studienzeit hätte er für Kahn in Dacca (Bangladesh) arbeiten können. Aber da brach der Mariolino aus Genestrerio durch: »Ich habe gespürt, daß ich ins Tessin zurück mußte. Warum kann ich nicht sagen. Ich spürte, daß ich jetzt allein arbeiten mußte und zwar dort, wo meine Wurzeln sind. Ich habe immer nur Dinge gemacht, die ich als mir zugehörig empfinde. Meine Frau sieht das als großen Nachteil, ich sehe es als meine Stärke. Ich habe schon oft sehr verlockende Angebote abgelehnt, nicht aus Stolz, sondern weil ich sie nicht ›spürte‹. Es gibt zwar Häuser, die ich vom heutigen kritischen Standpunkt aus nicht gebaut haben möchte, aber vom affektiven Standpunkt aus stimmt das nicht. Wenn ich gebaut habe, dann habe ich immer daran geglaubt. Es gibt zum Beispiel ein Haus im Maggiatal, das die Leute zwar als schön betrachten, ich persönlich aber als Sündenfall, begangen in einem schwierigen Moment, als ich vom Großprojekt der Mittelschule in Morbio wieder auf Einfamilienhäuser zurückkam.«

Mario Botta setzt ein halbes Lachen auf, wenn er sagt: »Ich bin sehr unzufrieden mit mir, ich finde keinen Frieden. Ich muß immer machen, kreieren. Ich arbeite zwölf und mehr Stunden im Tag, die Arbeit ist meine Welt.«

Dies steht freilich in einem scharfen Gegensatz zu seiner Philosophie vom Wohnen und über die Häuser, die er baut. Dort will er eine »ganze Welt« schaffen, die in sich selber ruht: »Residieren heißt, im Frieden leben mit

Ligrignano

dem eigenen Ort, sich an diesem Ort erkennen und sich mit ihm identifizieren. Ich selber bin ein schlechtes Beispiel. Ich wohne ja auch nicht in einem Botta-Haus.«

Er lebt mit seiner Frau Maria, (sie ist seine ehemalige Jugendfreundin aus Stabio) und seinen drei Kindern in Morbio in einem alten Tessiner Haus, das er für seine Bedürfnisse hergerichtet hat, denn: »In den alten Häusern finde ich das, was ich in den modernen immer suche – den Reichtum der armen Häuser.«

Dieser Widerspruch, wenn es einer ist, hat mit Bottas innerem Unfrieden zu tun: »Ich liebe immer das Haus, das ich gerade baue. Wenn ich in einem meiner Häuser wohnen würde, müßte ich es laufend umbauen.«

Gewerbezentrum Balerna

3

Mitteilsam wie er ist, wiederholt er jedem, der es hören will, daß er, Botta, nicht *an* einem Ort, sondern *einen* Ort baue. Hinter diesem stolzen Wort steckt seine ganze Architektur-Philosophie, die er mit Zitaten deutscher Denker – Heidegger, Benjamin, Adorno und anderen – zu garnieren pflegt. Bei Heidegger hat er sich das schöne Beispiel von jener Brücke geholt, die aus einer natürlichen Situation – zwei Ufer, getrennt durch einen Fluß – erst einen Ort macht. Es ist das Verdienst der Brücke, also eines kulturellen Eingriffs, aus zwei Ufern, zwei physischen Elementen, einen Ort gemacht zu haben. Mit Architektur wurde ein natürliches Gleichgewicht in ein neues, kulturelles umgewandelt.

»Die Natur«, sagt Botta, »braucht meinen Eingriff nicht, um stark zu sein. Aber wenn ich eingreife – und seit es Menschen gibt, haben sie sich ein Dach über den Kopf gebaut – dann mache ich das in Opposition zu ihr. Ich habe zuviel Respekt vor der Natur, um sie zu imitieren. Andererseits gibt es die Superiorität des Existierenden nicht. Das Bestehende ist ein Wert, der einer permanenten Veränderung unterworfen ist, und wer dem Bestehenden den Vorrang vor dem Neuen zuweist, der gesteht dem Menschen keine Würde zu. Ein Kirchturm, der gegen das Landschaftsbild aufragt, eine Brücke, die sich gegen das Tal auflehnt, das sind Momente des Dialogs, der gegenseitigen Bereicherung von Natur und Kultur.«

Dieses bewußte Inbesitznehmen

des Ortes nicht nur als Bauplatz, sondern auch als historisches und kulturelles Terrain, auf dem der Mensch sich seiner Wurzeln bewußt wird und »Heimat« spürt, ist ein Grundthema, das bei praktisch allen Vertretern der »neuen tessiner Architektur« zum Ausdruck kommt. Botta: »Architektur machen heißt immer Wirklichkeit verändern. Wenn es ein Thermometer gäbe, das gute und schlechte Architektur messen könnte, dann würde es die Intensität der Begegnung von Gebäude und Natur messen. Je mehr Verschiedenheit, je kontradiktorischer die Elemente sind, desto höher ist die Qualität. Architektur ist das Gegenteil von Natur, ist Kampf mit der Natur. Nur indem man dies bewußt sieht und verarbeitet, schafft man einen neuen Wert.«

Aber: nur in wenigen Landschaften der Schweiz wurde in den vergangenen dreißig Jahren so massiv herumgepfuscht wie im Tessin. Mario Botta hat dazu seine illusionslosen Ansichten: »Der Architekt ist ein Kind seiner Zeit, und Architektur ist die Reflexion von dem, was sich draußen abspielt. Die großen Entscheidungen über die Art der Bebauung des Territoriums reflektieren nicht die Ideenwelt und die Kraft der Architekten, sondern die Kräfte der Politik, der Wirtschaft und des Marktes. Das Operationsgebiet des Architekten ist limitiert, die Freiräume sind marginal. Sehr oft, wenn der Architekt den Auftrag erhält, ist das Objekt – sei es nun eine Bank, ein Theater oder ein Kulturzentrum – politisch definiert und determiniert. Diese Voraussetzungen kann man mit Architektur nicht auflösen, man kann nur dem vorgegebenen Inhalt eine Form geben.«

Seine Individualität, die Tatsache, daß seine Häuser auffallen wie Monumente oder Skulpturen, das

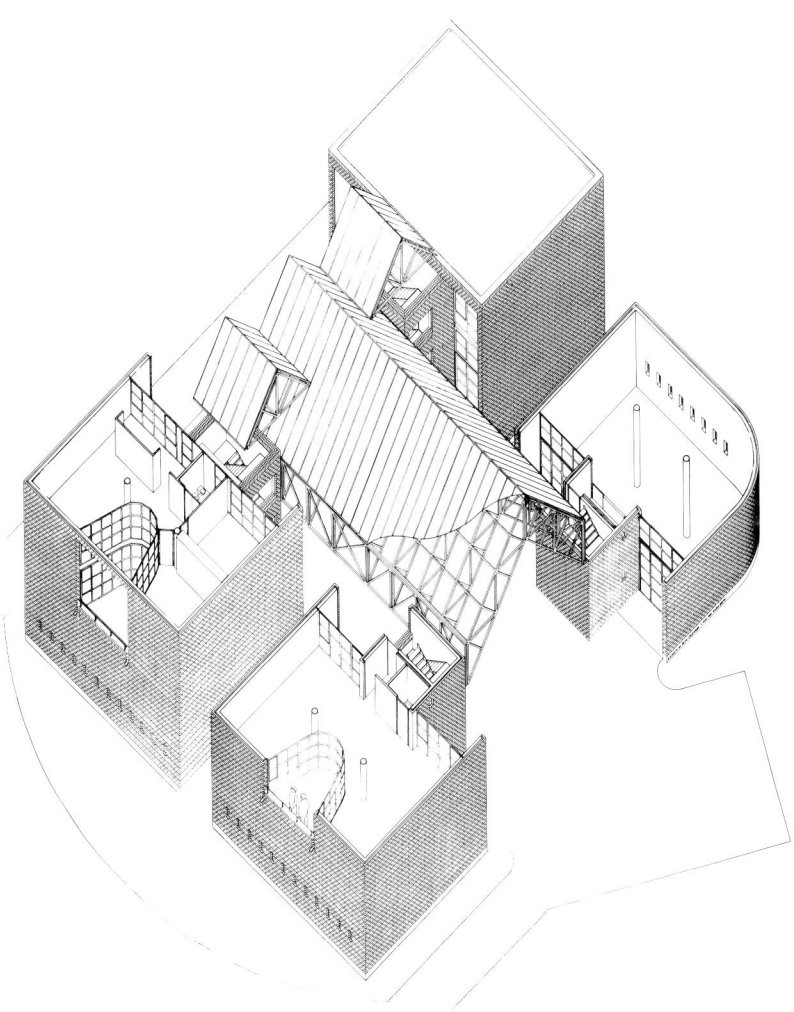

**Gewerbezentrum in
Balerna, 1977–79**

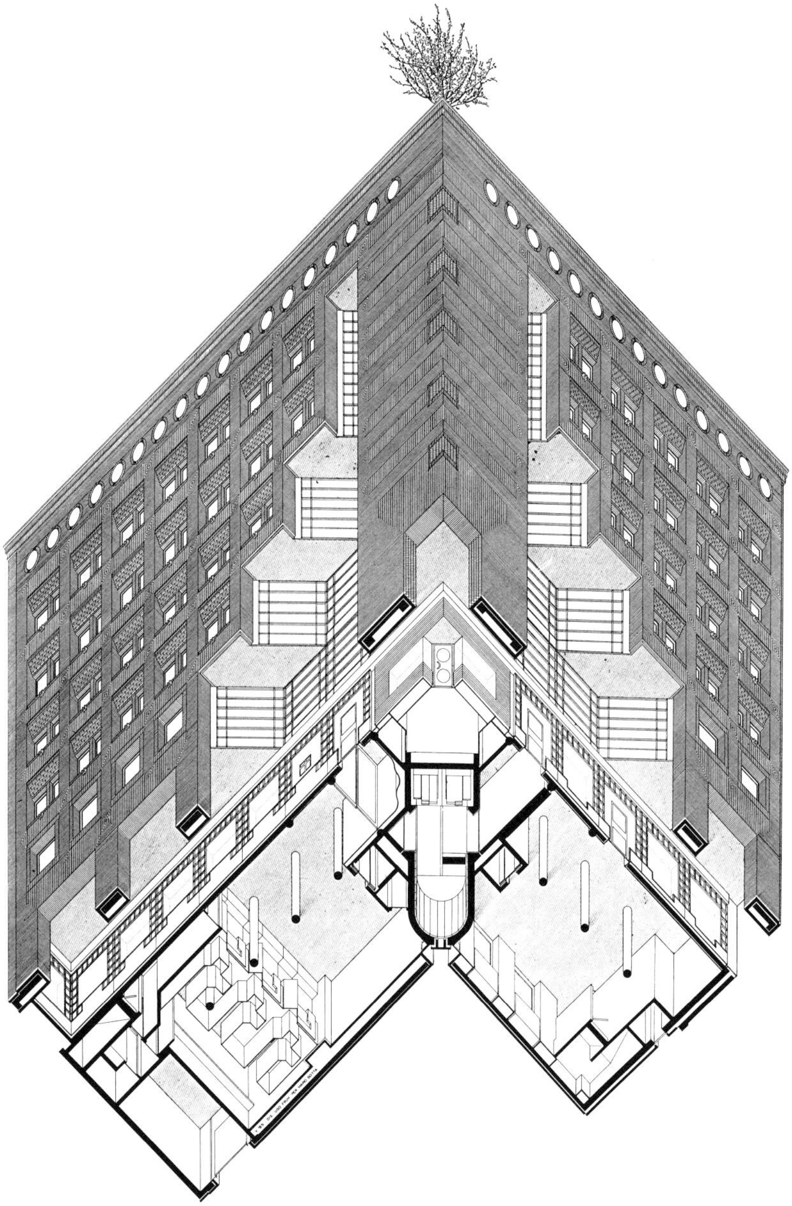

sieht Botta als seine persönliche Form des Widerstandes, des Aufbegehrens gegen die Banalität. Botta: »Nehmen wir das Rundhaus in Stabio – die ›casa rotonda‹. Es stimmt schon, daß ich dort ein Haus gemacht habe, das sehr verschieden ist von den andern Häusern rund darum herum. Aber die wirklich andern Häuser, die dummen Häuser, die zum Beispiel auf künstlich angelegten Hügeln stehen, obwohl wir dort in einer Ebene sind, ›verschwinden‹, auch wenn sie größer sind – weil sie keine Kraft haben.«

Sein Rundhaus sieht er als Widerstand gegen den allgemeinen Non-Sense, der überall wuchert, weil heute technisch alles möglich ist – eben auch Berge abtragen und daneben neue Berge bauen. Es ist überzeugt, daß das Rundhaus von Stabio nur deshalb so auffällt, weil er darin ganz primäre, fast primitiv-atavistische Formen wiedergefunden hat, Formen, die es in der kollektiven Erinnerung der Menschen schon immer gegeben hat.

**Geschäftshaus im
Zentrum von Lugano, 1985
(linke und rechte Seite)**

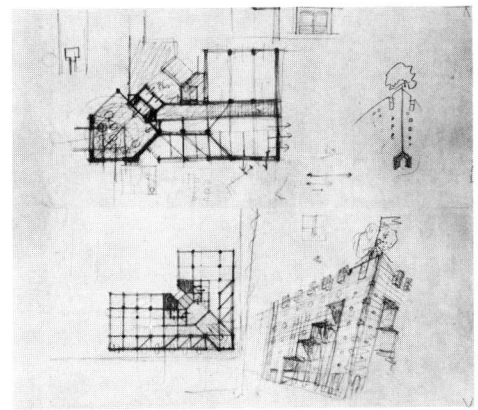

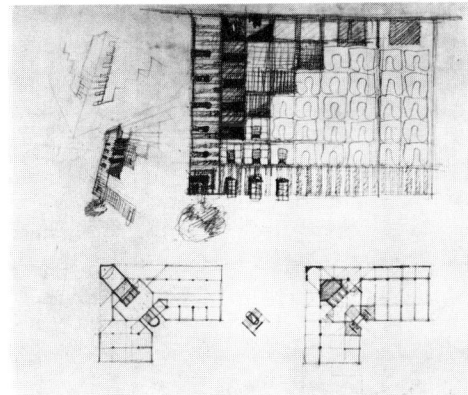

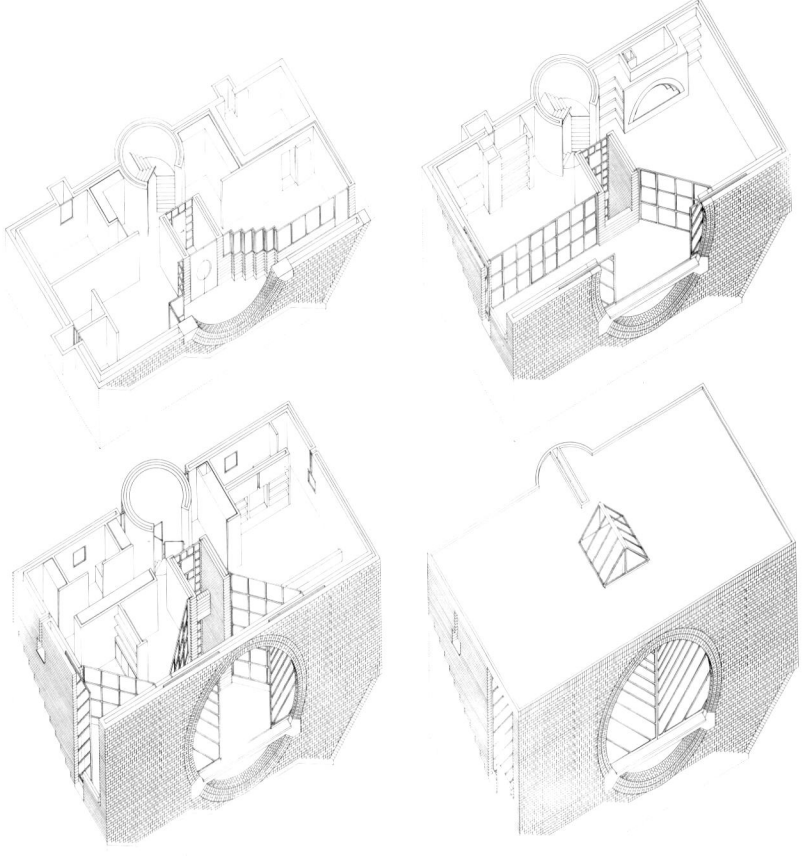

Botta meint selbst, daß er im Grunde genommen, obwohl er von verschiedenen geometrischen Grundmustern ausgeht, immer das »gleiche« Haus baut. Pierluigi Nicolin schildert das in seinen »Anmerkungen zum Werk von Mario Botta« so: »Ein Haus von Mario Botta sieht so aus:

– Es hat drei Geschosse. Das Erdgeschoß dient als Eingang des Hauses mit Abstellplatz für einen Personenwagen, mit kleinen Nebenräumen und mit einem Zugang zur Treppe. Dann kommt die erste Etage mit dem zweigeschossigen Wohnraum, der Küche und einem weiteren Raum (Studio, Arbeitsraum oder ähnliches). Schließlich folgt die zweite Etage mit den Schlafräumen und dem Badezimmer.

– Es besteht aus zweischaligem Sichtmauerwerk aus Zementstein auf einem Betonfundament. Die kunstvollen Mauerverbände sind, entsprechend den Unterzügen oder Auskragungen, durch Betonteile oder Stahlprofile verstärkt.

– Es besteht aus einem einfachen Primärvolumen, das in nord-südlicher Richtung durch einen breiten Spalt aufgeschnitten ist, der im Norden vom Treppenhaus abgeschlossen wird und an der Südseite durch eine weiträumige Verglasung, die sich bis über das Dach fortsetzt und Licht in das ganze Haus strömen läßt.

– Die Fenster werden durch wenige große Öffnungen ersetzt, die tief in das Gebäudevolumen eingeschnitten sind. Diese Öffnungen verwandeln sich in Wintergärten, wenn außen eine Verglasung hinzukommt.

DIVIETO D'ENTRATA
AI VISITATORI

ENTRÉE INTERDITE

EINTRITT VERBOTEN

– Es ist ohne Innentüren und somit praktisch ohne eigentliche Korridore und Dielen, vielleicht auch ohne Zimmer, weil im Innenraum – der in horizontaler Richtung durch Ebenen mit mehreren Durchbrüchen aufgeteilt ist – die Wände so angeordnet sind, daß sie die obere Decke nicht erreichen.

– Es ist gut durchkonstruiert: Die Technik, die auf der Verwendung von zweischaligem Zementsteinmauerwerk beruht, wird bis zur Perfektion beherrscht und öffnet sich auch für ornamentale Abenteuer.

– Es ist wirtschaftlich. Dadurch, daß sämtliche Elemente des Erscheinungsbildes konstruktiv sind, tragen auch die kompakte Ausformung des Bauvolumens und der Verzicht auf ein aufwendiges »Finish« zu den niedrigen Kosten dieser Bauart bei.

– Es wirkt als Objekt in der Landschaft, das eine direkte Beziehung mit dem Gelände anstrebt. Es gibt keine Zäune und Gärtchen. Ebensowenig verweisen Hinweisschilder auf Besitzgrenzen. Der Bau tritt in einen Dialog mit den wesentlichen Elementen der umliegenden Landschaft (Felder, Umrisse der Berge, des Dorfes, Abhänge von Hügeln, Himmel) und mit den architektonischen Gegebenheiten (Kirchen, Glockentürme, Kuppeln, Bauernhäuser) ein.

– Jedes Haus hat seine eigene, autonome Gestalt – bezogen auf die Besonderheiten des Standorts und auf das starke »dialektische« Spannungsverhältnis zur chaotischen Vorortumwelt, in der diese Häuser oft stehen,

Loggia im geschlossenen und geöffneten Zustand

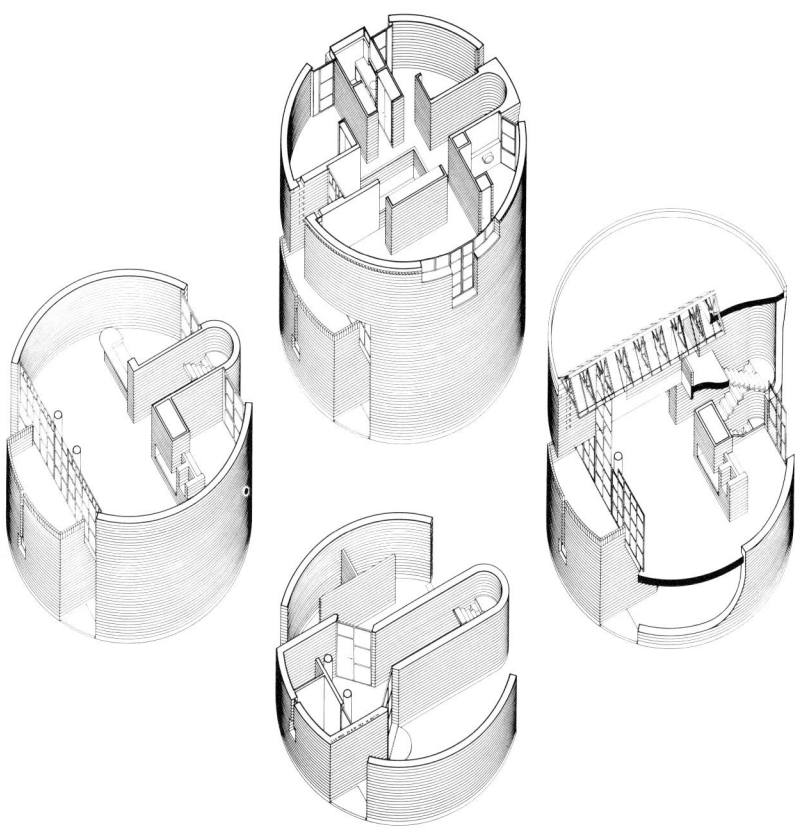

bezogen auch auf die Bedürfnisse der Bewohner und auf die formale Lösung, die jedesmal die allgemeine Formel dieser Häuser mit neuen Erfindungen füllt. Vielleicht könnten wir diese Verfahrensweise mit den klassischen Begriffen der Beziehung zwischen Typologie und Morphologie beschreiben.

Auf das publizistisch am meisten beachtete Haus von Botta, die »casa rotonda« in Stabio, trifft dieses »Schema« exakt zu. Botta hat sich mit diesem Turm bewußt einer Gegenüberstellung zu den Konfektionshäusern der Umgebung entzogen. Der Baukörper ist autonom und findet – wie er sagt – »seine eigentliche Rechtfertigung im Raum, welchen er zwischen der Erde (der untern Begrenzung) und dem Himmel (zu welchem er sich mit dem Oberlicht öffnet) einnimmt.«

Das Haus als Höhle, als Wehrturm und Schutzraum, der uns im Kampf mit den Tücken der Außenwelt, auch mit Hitze und Kälte, am Leben erhält. Botta imitiert zwar nicht die traditionellen lombardischen Häuser des Südtessins, nähert sich aber in allen seinen Wohnhäusern sehr stark ihrem Inhalt.

Alle seine Einfamilienhäuser sind – wie die lombardische »casa colonica« – dreistöckig. Die räumlichen Verhältnisse, die Wechselbeziehungen zwischen drinnen und draußen, sind die gleichen oder haben doch den gleichen Zweck: Schatten im Sommer, Sonne im Winter. Die gedeckten Außenräume sind die gleichen wie

zwischen Loggia und Wohnraum in den alten Häusern und der Zweck auch – die Schaffung eines dem Haus eigenen Mikroklimas, das den Menschen vor Hitze und Kälte schützt. Die Öffnungen seiner Häuser sind zudem so angeordnet, daß der Bewohner ausschnittweise das »Beste« an Landschaft geliefert bekommt, was draußen vorhanden ist. In der Vertikalachse des Hauses ist in der Ferne ein Kirchturm zu sehen, meistens das »stärkste Stück«, das die Landschaft dort zu bieten hat.

Auch Botta benützt dort, wo es einen Sinn ergibt, die Errungenschaften moderner Technologie. Aber: »Meine Häuser sind insofern antitechnologisch, als ich der Technologie keine Aufgaben zuteile, die ich mit Architektur, nämlich mit Mauern, Einstülpungen, natürlichem Lichteinfall lösen kann.«

Der Hauptfehler der modernen Stadt und neuerer Bauweise überhaupt besteht nach Botta darin, daß man inzwischen fast alle Funktionen des Hauses der modernen Technologie anvertraut hat – auch dort, wo es keineswegs nötig wäre. »Von der Höhle bis zum Jugendstil«, sagt er, »wurde der Komfort der Häuser immer mittels Architektur erhöht und verfeinert. Dann aber wurden – mit den neuen Materialien – die Mauern immer dünner, und die Häuser verloren zusehends an physischer Widerstandskraft zwischen Innenklima und Außenklima. Je mehr sie diese Kraft verloren und je dünner die Mauern wurden, umso mehr mußte man den Komfort

»Casa Rotonda« in Stabio 1980–81 (linke und rechte Seite)

von draußen hereinführen. Die heutigen Häuser sind wie Schwerkranke auf einer Intensivstation. Sie hängen an hundert Drähten und Schläuchen: Wasser, Elektrizität, Erdöl, künstliche Belüftung, Licht, Telefon, Fernsehen und so weiter. Wenn man einen der Schläuche abschneidet, stirbt der Patient. Bei einem Energie-Blackout sind die Häuser tot.«

Botta will Häuser bauen, die nicht so abhängig sind, die physisch und nicht nur optisch stark sind und auch dann noch bewohnbar bleiben, wenn einer der »Schläuche« einmal abgeschnitten wird. Als Optimist und als einer, der weiterbauen will, glaubt er, daß die Energiekrise als Folge des Yom-Kippur-Krieges ein »Glücksfall« war, der die Menschen zur Besinnung gebracht und bei einigen Architekten der jungen Generation ein Umdenken eingeleitet hat: »Der Mensch ist sich seiner elementaren Bedürfnisse wieder bewußt geworden.«

Kollege und Freund Tita Carloni kauft ihm allerdings die »grüne« Hal-

tung und Überzeugung nicht ganz ab: »Mario glaubt das alles, was er sagt, und ich billige ihm seinen guten Glauben zu. Aber – manchmal versucht er, seine Architektur mit Argumenten zu erklären, die mit Architektur nicht viel zu tun haben. Wenn ich sehe, wer in seinen Häusern wohnt und wie sie wohnen, dann sind das Leute, die leben wie andere auch: Sie haben ein Auto, fahren in die Ferien, telefonieren. In ihrem Botta-Haus hat es unter Umständen drei Badezimmer, vielleicht sogar ein Schwimmbad im Untergeschoß oder eine Garage für drei Autos. Die Kubatur seiner Häuser hat nichts zu tun mit dem archaischen Raum, der einem Bauern in früheren Zeiten zur Verfügung stand und der sehr oft mit der ganzen Familie und manchmal auch noch mit einem Esel oder einem Schwein im gleichen Raum drin lebte. Hingegen – und das ist zweifellos ein großes Verdienst – stellt Mario Botta mit seinen Häusern der Isolation, der Entfremdung und dem realen Mangel an sozialen Bezie-

Einfamilienhaus in Viganello/Lugano, 1981–82; Eßzone (rechtes Bild)

**Einfamilienhaus in Morbio
Superiore, 1982–83;
Fassadendetail aus ver-
setztem Kalksandstein**

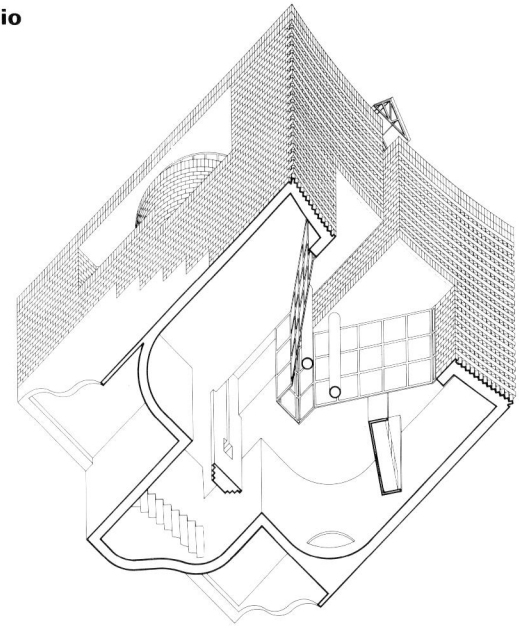

**Einfamilienhaus in Origlio,
1982**

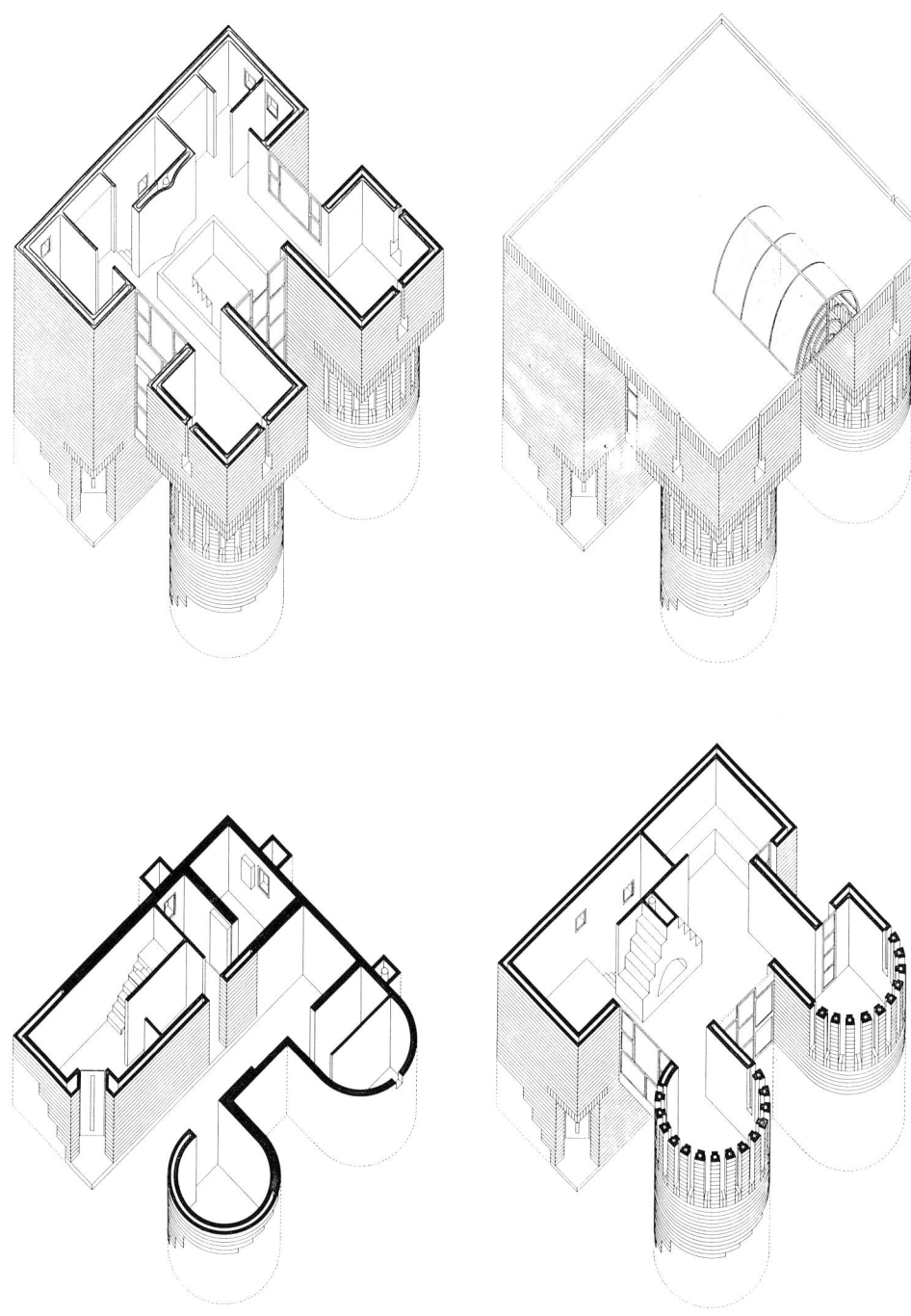

hungen eine andere Form entgegen – eine innere Raumgliederung ebenso wie eine Reihe von Beziehungen dieser Räume zur Außenwelt. Die Formen seiner Häuser üben auf viele Leute eine starke Anziehungskraft aus, wie gewisse außerordentliche Zeichnungen von Kleinkindern oder elementare primitive Formen: ein großer Stein oder die Figur einer Frau oder das Gesicht eines Mannes, ein Turm, eine Höhle – jedenfalls fundamentale Formen, die tief in der Psyche des Menschen verankert sind. Diese Idee der Höhle, des Schutzraumes oder Wehrturms hat wohl viel mit dem heute wieder aktuellen, aber uralten Bedürfnis nach Zuflucht und Schutz zu tun. Diese spontanen Figuren erreichen in ihrer oft ungewohnten und nicht dagewesenen Ausarbeitung einen so starken Ausdruck, daß sie tatsächlich eine architektonische Alternative darstellen – die Hoffnung auf eine konstruierte Welt, die anders sein kann als die herrschende Banalität.«

Was aber bedeutet es, in einem Botta-Haus, einem Botta-Einfamilienhaus, zu wohnen?

Seit sich die Architektur-Zeitschriften der ganzen Welt auf die neue tessiner Architektur gestürzt haben, hat sich ein Architektur-Tourismus im Tessin entwickelt, der manchmal groteske Formen annimmt. Ganze Busladungen voller Architekturstudenten werden herangekarrt, und die Eleven stürzen sich Heuschreckenschwärmen gleich auf die steinernen Zeugen des Zeitgeists. Für die Bewohner dieser Häuser mag das anfangs noch schmeichelhaft sein, aber mit der Zeit wird es zu einer Belastung. Die Besitzer eines hoch über Lugano am Steilhang gelegenen Botta-Hauses wissen von verzweifelten Japanern zu berichten, die – sonntäglich gekleidet und kamerabewehrt – durch meterhohen

Origlio

Schnee wateten, um sich auf Schleichwegen über eine Geröllhalde dem Objekt zu nähern; von andern aber auch, die in den Garten trampeln, rund ums Haus ihre Inspektionstour abstapfen, um dann noch Einlaß zu begehren.

Mario Botta fröhlich: »Ich habe trotz dieser unangenehmen Begleiterscheinungen ein sehr gutes Verhältnis zu meinen Kunden. Alle sind inzwischen verliebt in ihr Haus, und wenn man verliebt ist, nimmt man einiges in Kauf. Wir sind Komplizen geworden, und bis heute hat noch kein einziger das Haus wieder verkauft.«

Die meisten von Bottas Kunden sind Bekannte und Freunde des Architekten. Botta: »Die wollten nicht ein Botta-Haus aus der Architekturzeitschrift, sondern ein Haus von mir, weil sie mich kennen.«

Botta, obwohl ästhetisch hoch empfindlich, gibt zwar bei Bedarf Tips für die Innenausstattung der Häuser, pflegt sie aber nicht vorzuschreiben oder gar zu »designen«. Botta: »Eine

Kuckucksuhr in einem meiner Häuser – und es gibt sie in Cadenazzo – muß erlaubt sein, auch wenn ich sie selber nicht hineinhängen würde. Wenn ein Haus nicht mehr stimmt, weil eine Kuckucksuhr an der Wand hängt, dann ist das die Schuld des Hauses und nicht der Kuckucksuhr. Das Haus muß als solches stark sein und die verschiedensten Geschmacksrichtungen und -verirrungen vertragen. Die Möbel eines Hauses sind wie die Kleider eines Menschen: jeder schleppt seine eigene Welt mit, und wenn einer stirbt oder sein Haus verkauft, dann muß der nächste mit seiner Welt drinleben können, sonst ist das Haus eben schlecht.«

Insofern macht Mario Botta keine Häuser »nach Maß«, jedenfalls nicht nach dem unter Umständen von den Kunden gewünschten Maß. Er wünscht sich Kunden, die mit Problemen kommen, nicht mit Lösungen: »Wenn einer die Lösungen kennt, dann braucht er keinen Architekten und kann sich das Haus selber entwerfen.«

Zu seinen Einfamilienhäusern scheint er eine gebrochene Beziehung zu haben. Mit jenen Häusern, die er nur für erwachsene Berufstätige baute, ist er nicht zufrieden: »Ein Haus, das nur zum Schlafen und für das Wochenende da ist, ist kein richtiges Haus, es gehört eine Familie mit Kindern hinein, die das Haus belebt.« Und so fühlt er sich, obwohl er immer mehr Kulturzentren, Banken und öffentliche Verwaltungsgebäude baut, letztlich jenen Häusern am meisten verpflichtet, in denen sich der ganze Lebenszyklus abspielt – den »24-Stunden-Häusern«. Inzwischen hat er von der Stadt Venedig den Auftrag erhalten, eine Sozialsiedlung mit 250 Wohnungen zu bauen, und von der Stadt Turin einen andern, ein ganzes Quartier mit über 800 Wohnungen für Arbeiter zu projektieren. Botta: »Das sind die Dinge, die ich wirklich gern mache, auf solche Aufträge bin ich stolz.«

Trotz zahlreicher Großaufträge gedenkt Mario Botta nicht, von der Arbeitsweise eines »Handwerker-Architekten« abzuweichen. Die Räume in seinem Studio in der Innenstadt von Lugano gleichen einer jener kleinen Hemdenfabriken, von denen es im Südtessin dutzende gibt. Da sitzen seine 16 Angestellten (inklusive Lehrlinge) am Reißbrett. Der »Chef« selbst arbeitet in einem engen Nebenraum, gefüllt mit einem großen, mit Papieren übersäten Tisch, umstellt von Büchergestellen. In einer Ecke steht der Prototyp eines von ihm entworfenen Stuhles, an dem er seine Art zu arbeiten erklärt: »Ich zeichne und entwerfe gerne und viel, aber bevor ich das Ding nicht mit Augen sehen und anfassen kann, kann ich nicht sagen, ob es richtig ist, ob es funktioniert und wirkt, wie ich es mir ausgemalt habe.« So hält er es auch mit den Bauten. Erst das dreidimensionale, maßstabgetreue Modell gibt ihm Antwort auf seine Fragen, Probleme und Zweifel; und bei der Betrachtung des Modells ist schon manche Idee und Vorstellung vom Zeichentisch in den Papierkorb gewandert, weil der »Handwerker« und »Bildhauer« Botta mit dem »Intellektuellen« Botta nicht zufrieden war.

Botta unterscheidet nicht zwischen Arbeitszeit und Freizeit. Sein Leben ist identisch mit der Arbeit, »es« arbeitet immer in ihm, ob er im Grotto sitzt, Besucher empfängt, zeichnet, Vorträge hält, in die USA jettet oder in Morbio mit Frau und Kindern am Tisch sitzt. Um administrative Dinge, Bürokram, Finanzen und was sonst noch alles geeignet ist, ihn vom Arbeiten abzuhalten, kümmert er sich nicht. Das

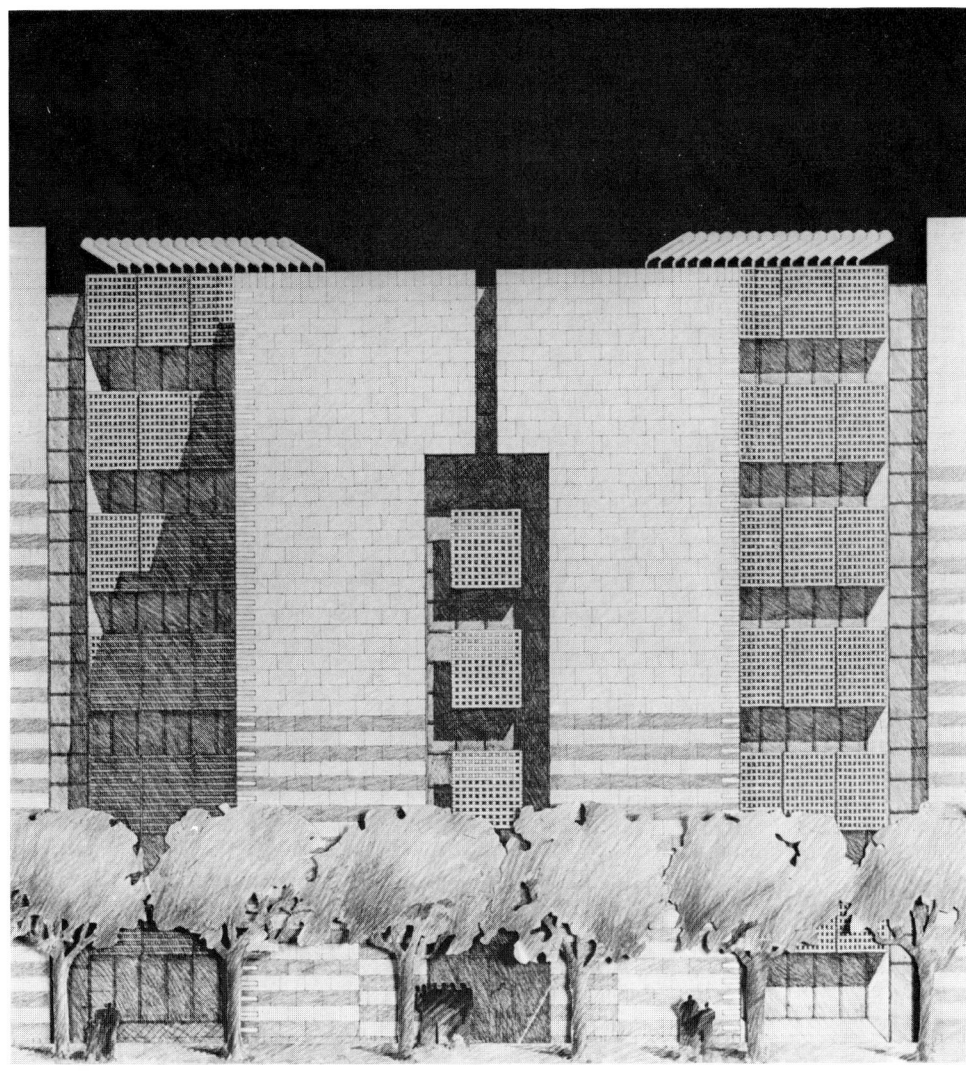

**Entwurf für die Über-
bauung »Banca del
Gottardo« in Lugano, 1985**

alles macht seine Frau, sie ist es auch, die seine Post lesen muß (»Ich lese keine Briefe, das lenkt mich ab.«). Die Kehrseite davon ist seine fast grenzenlose Bereitschaft zum Gespräch. Wer mit ihm zusammen ist und über Architektur oder Kunstgeschichte oder einfach »das Leben« redet, erhält den Eindruck, er habe unendlich viel Zeit. Keine Spur von Streß oder Termindruck, als sei dieses Gespräch das allerwichtigste, was es überhaupt gibt auf der Welt. Und vermutlich ist es das

auch bis zum Moment, da es zu Ende geht und das nächste Gespräch, die nächste Idee, der nächste Entwurf zum allerwichtigsten der Welt wird.

Was steckt eigentlich dahinter, daß diese wenigen, »exotischen« Häuschen im Tessin weltweit ein solches Echo produzieren? »Das Ganze hat wohl viel mit unserer Position des Widerstandes zu tun. Die Dinge laufen inzwischen auf dieser Welt so, daß Widerstand an sich schon gut ist und alles, was aus Widerstand heraus ge-

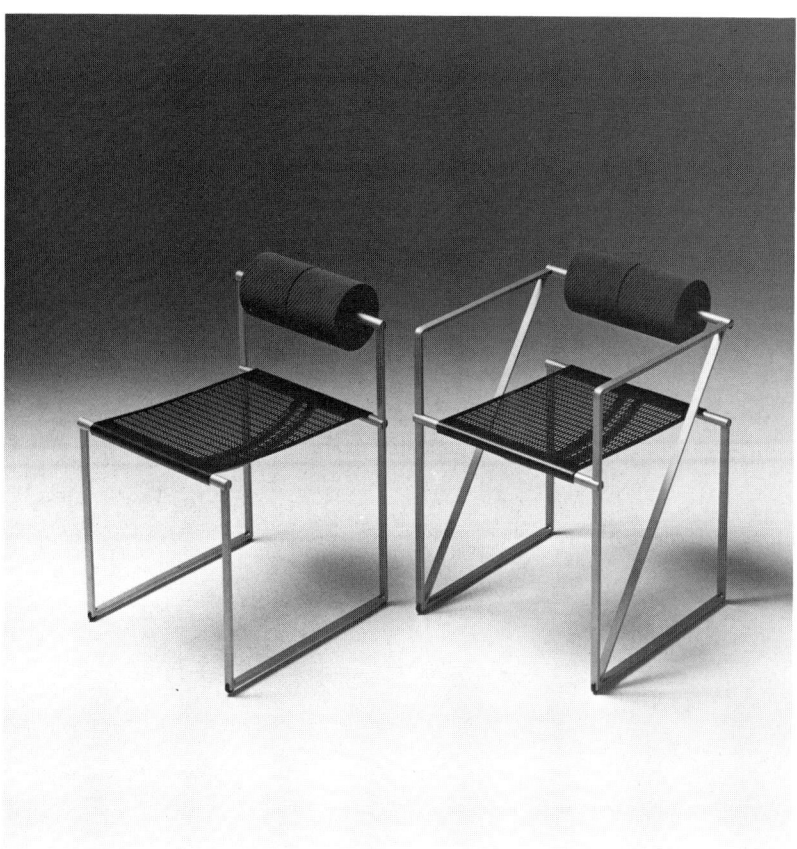

Sitzmöbel »Prima« und »Seconda«

Mario Botta, der sich in Mailand und Venedig in den 60er Jahren mit italienischer, beziehungsweise mediterraner Kultur und Geschichte vollgesogen hat, ist überzeugt, daß in dieser Zeit das Neue und die echten Werte aus den »armen« Ländern des Mittelmeerbeckens kommen. Er führt dies auf das in diesen Länder »besser« gelebte Verhältnis der Menschen zur Natur zurück. Im Kampf gegen Meer, Licht und Unwetter habe das mediterrane Haus immer als Fluchtburg gedient, als Uterus gewissermaßen, in den der Mensch bei Gefahr zurückkriechen konnte. In seinem atavistischen Gegensatz zur Natur suchte und fand er im Hause Schutz. Der »Wohnwert« seines Hauses bestand in dieser Schutzfunktion und nicht in der Menge der Dienstleistungen, die es anbot. Die wahren Reichtümer des Habitat gehörten nicht dem Haus, sondern *zum* Haus. Der Wert des Hauses bestand in der Verwurzelung mit der Kultur des Ortes, den Riten und Mythen der Gesellschaft.

Seinem Bedürfnis, Häuser zu bauen, in denen die atavistischen Werte wieder zum Tragen kommen, stehen allerdings nicht nur der technologische Komfort entgegen, sondern – für einen Architekten besonders schwerwiegend – auch Baureglemente. »Die heutigen Baureglemente, wie wir sie hier haben«, schimpft er, »sind die Legalisierung der Dummheit und ein Freipaß für fortschreitendes Chaos und Zerstörung des Territoriums.« Wie ein Reglement aussehen müßte, das dies verhindert, weiß er allerdings auch nicht. Und was geschehen würde, wenn jeder, der in sich einen kleinen oder großen Botta wittert, unabhängig von Reglementen seinen Gefühlen architektonisch die Zügel schießen ließe – auch diese Frage bleibt unbeantwortet.

macht wird, erst recht. Ich staune immer wieder, wie begeistert die Leute zum Beispiel in den USA bei meinen Vorträgen auf diese tessiner Häuschen reagieren. Die Tatsache, daß man ihnen eine so große Bedeutung zumißt, ist für mich ein Zeichen der Rückkehr zum Menschlichen, zur europäischen Tradition, dem Wiederentdecken unserer Geschichte und kollektiven Erinnerung. Es ist der Gegensatz zur Sinnentleertheit der Technologie und dessen, was als Fortschritt bezeichnet wird. Die Amerikaner mit ihren gigantischen Wolkenkratzern ohne Bedeutung und Inhalt können zwar auf den Mond fliegen, aber sie hausen wie die Barbaren, sie sind nicht in der Lage, den Menschen eine bessere Wohnstatt zu geben.«

Dozenten und Architekturkritiker sehen in ihrem Kollegen Mario Botta eine neuere Ausgabe des »klassischen Architekten«, jenes Mannes, der versucht, mit dem Gebäude die zwischenmenschlichen Werte und seine Beziehungen zu Erde, Himmel und Sonne darzustellen, einer, der bei Meister Louis Kahn die Grundfrage gelernt hat: »Was will ein Gebäude sein?« Und die Antwort nicht nur in seinem eigenen Talent, sondern in der Ordnung der Dinge sucht. Dazu braucht es etwas, das Botta vermutlich in größerem Ausmaß hat als andere: Intuition. Als erklärter Feind des Postmodernismus, der für ihn eine Rückkehr zu oberflächlichem Historismus ist, will er mit seinen Häusern eine Einheit von Inhalt und Meinung ausdrücken, das Lokale wie das Generelle einer Situation zusammenbringen und damit gewissermaßen zwischen dem Alten und Modernen »Frieden stiften«.   g.z.

Ein Hauch von Hellenismus

Die jüngere Generation der neuen Architekten anhand dreier nicht ganz zufällig ausgewählter Beispiele

Elio Ostinelli: Demokratischer Feinsinn

Architekt Elio Ostinelli

Die Adresse läßt jedes Raffinement vermissen. Man fährt, durch einen Zaun getrennt, der Autobahn entlang, durch ein Quartier amorpher Vorstadtarchitektur, geradezu milanesisch oder römisch; zerbröselndes Durcheinander von lieblosen Neubauten, bereits vergammelnd, und älteren Villen, die aufgegeben, jedenfalls geschlossen erscheinen; Stadtzonenrandgebiet, wo nicht einmal mehr Chiasso, ohnehin keine Perle, etwas von sich hermachen will. Man steht praktisch auf der Landesgrenze; der Hügel dort drüben mit seinem Beton- und Backsteinbewuchs ist bereits Italien, nicht La bella Italia, sondern die industriebestimmte Verbauung und Verbunkerung der Lombardei, die hier über den Grenzzaun hinweg auch auf die propere Schweiz herübergeschlagen zu haben scheint.

In einem Neubau, im dritten Stock, in einer engen Mietwohnung, in der man hausen müßte, weil man nicht wohnen kann, hat Elio Ostinelli sein Studio (drei Zimmer) – als ob er sich täglich daran erinnern müßte, wofür er den Hauptteil seiner kreativen Kraft einsetzen will: für die Vermeidung oder Verbesserung solchen Wohnraums für die niederen Stände, denen man zwischen Stockholm und Palermo – und neuerdings auch immer mehr zwischen Airolo und, eben, Chiasso – eine Architektur zumutet, die einzig und allein von der Spekulation verantwortet wird, oder, um es feiner auszudrücken, von einer Kosten/Nutzen-Rechnung, in der der Mieter als Zahl und nicht als Mensch mit (metaphysischen) Bedürfnissen eingesetzt ist.

Der Löwenanteil der neueren Wohnungen im Tessin ist auf diese Weise zustande gekommen (und nicht als neue tessiner Architektur). Im Gespräch mit einer Architekturzeitschrift gab Ostinelli zu bedenken, trotz aller Anstrengungen qualifizierter Architekten sei »die Wirkung aller Anstrengungen im Landschaftsbild immer noch marginal. Was wurde denn gebaut? Vielleicht drei- bis vierhundert Einfamilienhäuser, einige Schulen, vier oder fünf von zwei-, dreihundert. In Wirklichkeit ist der Einfluß auf die Bauerei sehr klein.«

Elio Ostinelli, geboren 1948, Studium an der ETH Zürich, ist ein schmaler, agiler Mann mit einer für Architekten ungewohnten Begabung, sich klar und deutlich zu formulieren. An der Wand seines kleinen Büros (das drei-auf-drei-Meter-Schlafzimmer des unsozialen Wohnungsbaus) hängen, vielleicht zufällig, Reproduktionen von Zeichnungen Louis Kahns; er hat mit Carloni, Botta, Snozzi zusammengearbeitet (»ich habe jene Zeit als außergewöhnlich erlebt, außergewöhnlich insofern, als es noch einen Gruppengeist gab«), aber, wenn nicht alles trügt, trifft man hier auf einen Mann, der seinen eigenen Weg zu gehen gewillt ist. Weniger als bei allen andern sieht man Ostinellis Bauten den Zierrat des architektonischen Zitats und der Paraphrase; reiner, klarer als bei vielen anderen ist bei ihm der intensive Dialog mit dem jeweiligen Problem und, auf dem Weg zu seiner Lösung,

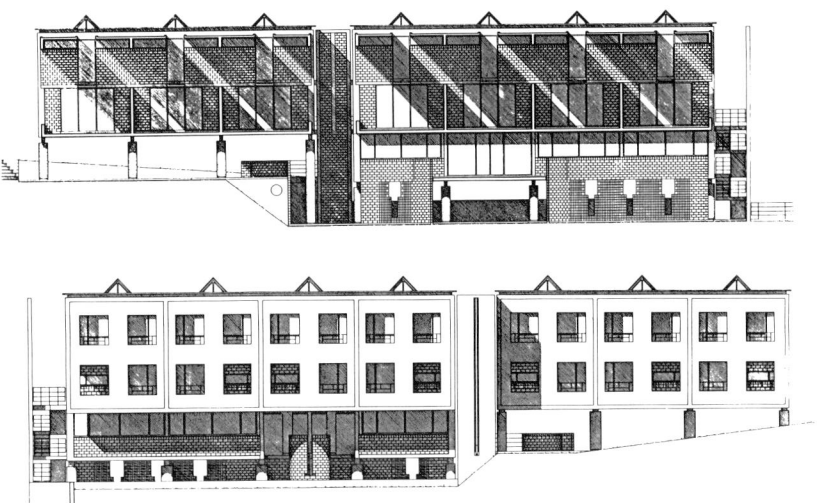

Mehrfamilienhaus in Balerna, 1980–82

die Auseinandersetzung, ja Aussprache mit dem Material – Backstein, Beton; Farbe – als der Sprache des Architekten. Ein Dialog, der das gebaute Resultat von einer möglichst definierten Fragestellung herzuleiten sucht. »Die Funktion ist in der Architektur natürlich wichtig«, sagt er. »Aber noch wichtiger ist der ›contenuto‹, der Inhalt des zu Bauenden. ›Contenuto‹ in einem Wohnhaus ist das Wohnen: was man tut in einem solchen Haus. Die Funktion ist limitierter als der Inhalt – Schlafzimmer, Wohnzimmer, Toilette etcetera. Damit ist aber das Wichtigste, das jeweilige Wohnen, noch längst nicht beschrieben.«

Ostinelli ist in Vacallo geboren, einen Katzensprung von Chiasso entfernt, und er wohnt heute noch in

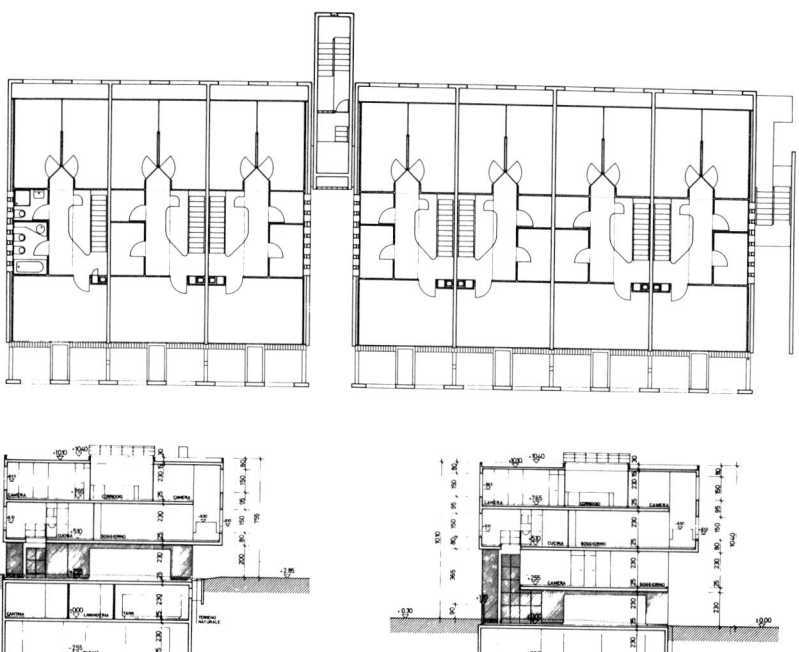

Vacallo; während andere aus dem Mendrisiotto stammende Architekten in die Zentren ausgewandert sind, nach Lugano (Botta), nach Locarno (Snozzi), ist Ostinelli da geblieben, wo er sich auskennt; das kann nicht einfach Zufall sein.

Er hat bisher sehr wenig gebaut, und sein bekanntestes und auch gleich ganz eigenständiges Gebäude steht wiederum nur ein paar wenige Kilometer von seinem Studio entfernt: das Mehrfamilienhaus in Balerna.

Es steht in arg bedrängter Situation, also ganz unähnlich den markanten Schöpfungen seiner Kollegen, die immer wieder das Glück gehabt haben, in exponierten Lagen bauen zu dürfen. Ostinellis »Plurifamiliare« steht knapp unterhalb der Autobahn, inmitten eines Sammelsuriums von alten Rustici, neueren und neuen Industriebauten (zu Bottas Roadstar-Gebäude sind es ein paar hundert Meter), Einfamilien- und anderen Mehrfamilienhäusern – und es steht da erstaunlicherweise ganz gut: ohne zu trotzen oder aufzutrumpfen ein Bau, der Selbstgewißheit ausstrahlt – und ein bißchen auch die Einladung, es mit dem Wohnen auch mal an so benachteiligter Stelle zu versuchen. Man hört im Tessin viel von der »Auseinandersetzung mit dem Territorium«, hört viel Theorie; hier hat sich einer dann wirklich der Praxis gestellt – denn noch einmal: das Mehrfamilienhaus ist in dieser Architektur ein seltener Vogel.

Als das Gebäude in der Rivista Tecnica publiziert wird, schreibt der Architekt dazu: »Ziel der Projektierung war es zu versuchen, mittels einfacher Körperhaftigkeit (volumetria), linearer und geometrisch klarer Komposition und mittels farbiger Fassaden den Bau aus den ›depressiven‹ Bedingungen des untern Mendrisiotto sozusagen ›freizukaufen‹.«

**Mehrfamilienhaus in
Balerna
(linke und rechte Seite)**

Balerna: Details des Treppenhauses und der Loggia

Ostinelli entwarf ein Sockelgeschoß mit plastisch gestaltetem Eingangstrakt und Serviceräumen, das Ganze in grauem BKS, zum Teil reliefartig versetzt. Darüber der eigentliche, zweigeschossige Gebäudekörper mit auf den Längsseiten vorgesetzter Blendfassade, mit quadratischen, unverglasten Lichtöffnungen klar strukturiert – eine eigenwillige Abwandlung der klassischen Loggia des Mendrisiotto. Diese Blendfassaden sind deutlich signalgelb markiert – erst dahinter befindet sich die »eigentliche« Hausfassade aus weiß gestrichenem BKS. Ein markanter »Sehschlitz« (inzwischen zum Teil vermauert) wurde in die Balkonabtrennungen eingelassen, ein Zeichen dafür, daß man auch im Mehrfamilienhaus gemeinsam wohnt.

Die Wohnungen auf zwei Ebenen umfassen drei Schlafzimmer, Wohnebene, Küche, zwei Bäder und sind für cirka 900 Franken vermietet. In dem hangabwärts gelegenen Teil des Gebäudes finden sich überdies konventionelle Wohnungen auf einem Geschoß.

Das Haus ist heute voll vermietet – nach einigen Anlaufschwierigkeiten; die am Rand des Geländes gepflanzten Bäume haben Fuß gefaßt, und trotz der etwas tristen Umgebung steht das Gebäude, von Grün umgeben, einladend und verspricht mit seinem dem Wohnbereich vorgesetzten »Mauervorhang« ein Stück Geborgenheit inmitten geräuschvoll industrieller Umgebung. Auf dem Tisch in Ostinellis Studio in Chiasso stehen zwei Modelle für geplante Mehrfamilienhäuser; das eine ist zurückgestellt, das andere, in Breganzona geplant, wartet noch auf die Baubewilligung. Auf dem Tisch des Architekten Pläne für die Teilnahme an einem Wettbewerb für eine Überbauung in Chur, Wettbewerb, bei dem er mit dem Kollegen Fabio Muttoni, Faido, zusammenarbeitet.

Definitiv: Elio Ostinelli hat sich dafür entschieden, auf dem einmal eingeschlagenen Weg weiterzugehen. Dabei könnte er bei den Vorreitern eines Trends sein, der sich neuerdings abzeichnet: daß die neue tessiner Architektur nun doch noch die Gelegenheit bekommt, sich am Siedlungsbau zu bewähren. In Lugano-Massagno steht Campi/Pessinas Reihenhauskomplex vor der Vollendung; Botta erhielt von der Stadt Turin den Auftrag für eine Projektstudie einer Wohnüberbauung im Zentrum. Gianola baut in Mendrisio, Bassi, Gherra & Galimberti in Morbio; bei anderen wie bei Roduner liegen ausführungsreife Projekte in den Schubladen.

Ostinellis Projekt für Breganzona ist virtuell ein klassischer Wohnblock, achtzig Meter lang, sechs Stockwerke hoch. Schon das Kartonmodell macht jedoch einen wesentlichen Unterschied zum herkömmlichen Bau aufeinandergeschichteter uniformer Wohnzellen sichtbar: hier sind – zumindest auf der Vorderseite des »Casone« – alle Fenster einer Wohnung in einer einzigen Lichtöffnung zusammengefaßt, gehen auf eine vier Meter breite »Loggia« hinaus, die ein altes Thema der lokalen Architektur – Schutz vor direkter Sonneneinstrahlung – wieder aufnimmt.

Der Preis für eine Dreieinhalbzimmerwohnung soll 170 000 Franken betragen, also nicht mehr als die Dreieinhalbzimmerwohnung eines beliebigen Architekten. Warum sind die innovativen Architekten bisher nicht vermehrt zu Aufträgen gekommen? Daran entzündet sich zunächst das Gespräch.

Durchblicke in den Trennungsmauern (nachträglich verschlossen)

Detail der südlichen Fassade

Ostinelli: »Es gibt verschiedene Motive. Aber auf jeden Fall trifft zu, daß wir nicht teurer sind als andere, eher vielleicht billiger. Aber die Unternehmer glauben das nicht. Sie sagen: der kostet mich mehr Architektenhonorar als der oder jener gute Bekannte. Wenn ich zu Botta gehe, bezahle ich 210 000 Franken Honorar, bei einem, den ich kenne, nur 150 000, weil der zu besonderen Konditionen arbeitet. Nun, bei dreißig Wohnungen macht das 2000 Franken pro Wohnung, also ein verschwindender Betrag. Aber die Mehrkosten finden sich in der Qualität wieder.«

Die sich verkauft – oder eben schwer verkauft?

Ostinelli: »Ich glaube, daß sich Qualität verkaufen läßt. Bessere Räume, eine bessere Aufteilung, Sorgfalt in der Gestaltung der Details, ein Stück Garten mehr – das wird bemerkt. Aber oft sind die Bauherren eben aus geschäftlichen Rücksichten an einen Architekten gebunden. Die neue Generation der Architekten hat nicht unbedingt eine Vorliebe fürs Einfamilienhaus. Aber dieser Sektor war lange Zeit der einzige, der uns offenstand.«

An dem von Ihnen geplanten Mehrfamilienhaus fallen Elemente auf, die man bei den neuen Einfamilienhäusern oft gesehen hat: Einstülpungen im Baukörper, die in das Gebäudeinnere zurückversetzten Fenster. Führen Sie auf dem Gebiet des Wohnungsbaus Themen jener Architekten weiter, die ihrerseits auf die Tradition Bezug nehmen?

Ostinelli: »Architektur schafft Raum. Ein Block ist noch kein Raum, sondern erst ein Volumen. Um Raum zu schaffen, braucht es Öffnungen, Ausstülpungen, freien Raum. Eine Eingangszone ist Ansatz zu einem Raum.«

. . . ein skulpturaler Aspekt?

Ostinelli: »Das ist nicht Skulptur, sondern einfach Architektur. Architektur ist nichts anderes als die Kreation von Räumen (spazi). Bei einem solchen Wohnungsbau kann man nun nicht, wie etwa bei einer Bank, allzu großzügig sein; man muß sparen. Man kann nicht in Dinge investieren, die nichts nützen. Also versucht man, den Raum mit kleinen Eingriffen zu schaffen. Da ist zum Beispiel die Idee, die Fenster einer Front in einer Öffnung zusammenzufassen, die zugleich Licht gibt, Aussicht verschafft und vor Sonne schützt. Das ist dann wohl ein Bezug zur klassischen Loggia, also aufs Bauernhaus. Aber hier in ganz anderer Funktion. Die heutigen Bewohner leben anders als die früheren Bauern. Es fragt sich also, ob es sich in solchen Fällen um einen direkten Bezug zur Tradition handelt; ebensogut könnte man an die Meister der modernen Architektur denken.«

Was ist Funktion an solchen Dingen, was Ästhetik?

Ostinelli: »Jeder hat für sich eine andere Vorstellung davon, was Wohnen, also was Bauen heißt. Aber jeder muß eine Vorstellung davon haben, was Leben in einem Raum bedeutet. Oder Arbeiten. Oder etwas anderes. Als Vacchini einmal sein Projekt für das Lido, ich glaube von Ascona, erläuterte, sagte er, für ihn sei ein Strandbad ein Filter, ein Übergang für einen, der von draußen kommt und auf der andern Seite das Wasser sucht, dazwischen das Lido, das diesen Übergang schafft. So etwas ist immer spezifisch zu untersuchen: In ein Haus zum Beispiel tritt man nicht ein, um auf der andern Seite wieder herauszutreten. Man schaut also nicht nur die Funktion an, sondern etwas, das wichtiger ist und hinter der Funktion steht: die Idee, die in einer Aktivität steckt. Jene, die die Massenwohnungen bauen, denken in der Regel nur an Funktionen: Schlafzimmer, Schränke, Fenster, Toiletten etcetera.«

Gibt es mit Kollegen einen Gedankenaustausch, einen regelmäßigen, eine Zusammenarbeit. Gibt es die Gruppe?

Ostinelli: »Bitte, keine mafiosen Konnotationen. Jeder arbeitet ziemlich für sich. Mit Muttoni arbeite ich aus Freundschaft zusammen, und weil wir zusammen in der Commissione delle Bellezze Naturali sind. Wir haben auch zusammen studiert. Daneben habe ich häufige Kontakte mit Botta, weil wir uns lange kennen, ebenso mit Galfetti und Vacchini, die mit die wichtigsten Beiträge zur neuen tessiner Architektur geliefert haben. Andere sieht man höchstens jedes halbe Jahr einmal – also wenig.«

Wie erklären Sie die gegenwärtige Präponderanz der Architektur gegenüber den anderen Künsten im Tessin?

Ostinelli: »Das ist schwierig zu sagen. Sicher gibt es historische Gründe, die Tradition, jene alten Baumeister. Aber vielleicht ist die Architektur gegenwärtig auch einfach überbewertet. Es gibt schließlich auch bedeutende Bildhauer und Maler. In der Architektur gibt es jetzt einfach einen Boom, bis zur geführten Pullmann-Tour; ich weiß nicht, ob die dann enttäuscht oder zufrieden wieder abziehen. Mario Botta wirkt als Lokomotive für den ganzen Trend. Andere sind ebenso stark, Galfetti, Vacchini, Snozzi; aber Botta zieht alles hinter sich her. Er hat als erster das Land verlassen und ist draußen bekannt geworden. Ohne ihn hätten wir alle nicht diese Resonanz.«

Und warum gerade Botta?

Ostinelli: »Weil der talentiert ist. Hie und da gibt es einfach das Auftau-

chen des großen Talents; in der Literatur war das vor Jahrzehnten Francesco Chiesa, jetzt ist es eben Botta in der Architektur. Vielleicht gibt es in weiteren fünfzig Jahren einen überragenden Maler. Einen Mathematiker, einen Physiker.«

Nun sind Bottas Kollegen nicht einfach Bottisten . . .

Ostinelli: »Wenn es eine Person mit dem Enthusiasmus eines Botta gibt, werden die andern einfach mitgerissen. Jedenfalls profitieren alle von einer solchen Person. Es ist wie beim Velorennen: wenn einer davonzieht, werden auch alle andern schneller.«

Sie haben einmal eine andere Erklärung versucht und auf die lokale Tradition des Bauens verwiesen, auf die jahrhundertealte Übung, Stein auf Stein zu schichten.

Ostinelli: »Ja, kann sein. Die Tradition ist auf allen Gebieten wichtig. Was Generationen vor einem geleistet haben, löscht niemand mehr aus. Und im Tessin gab es immer Baumeister – auch wenn sie nicht unbedingt hier gearbeitet haben, wenn sie ihre Arbeit auch auswärts suchen mußten. Ein Dorf wie Corippo wurde nicht von Architekten gebaut, sondern von Bauern, aus Liebe zum Land, zur Heimat . . .«

Hat sich das Handwerkliche überliefert, die Liebe zum ausgearbeiteten Detail? Auch im Mehrfamilienhaus?

Ostinelli: »Ich glaube schon. Man muß auch ›im großen Maßstab‹ die Qualität suchen, bestimmte Zweige der Möbelfabrikation sind ein gutes Beispiel dafür. Das hängt einzig und allein ab vom Ernst, mit dem man seinen Beruf betreibt. Wenn man beim Einfamilienhaus Qualität hinkriegt – warum dann nicht auch beim Mehrfamilienhaus? Oder bei einer Bank?«

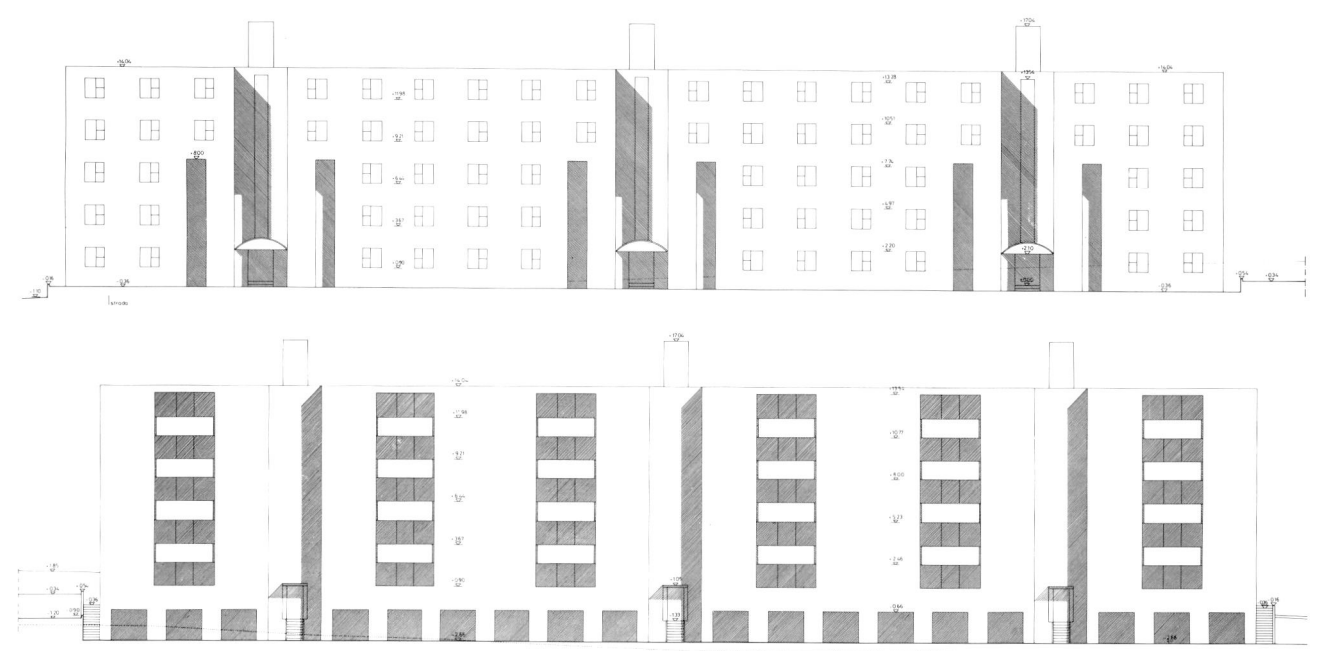

Muß der Architekt im Fall der Bank nicht einen ideologischen Salto machen, vielleicht sogar einen Salto mortale?

Ostinelli: »Ich glaube nicht. Es wäre im Gegenteil ein großer Fehler, diese beiden Dinge zu vermischen. Die Architektur hat immer für die Macht gearbeitet. Die Macht hat das Geld, sie kann bauen lassen. Das Parthenon, ein Beispiel ausgezeichneter Architektur, ist unter Perikles gebaut worden, der ein Tyrann war. Perikles gibt es nicht mehr, das Parthenon hingegen schon. In der russischen Revolution hat man, als man den Zaren stürzte, nicht gleichzeitig die zaristischen Paläste niedergerissen: sie dienen seither einfach anderen Zwecken, aber sie blieben Teil der Stadt. Darum sage ich

auch: die Funktion ist nicht so determinierend. Determinierend ist der Inhalt. Das Wichtigste ist: wenn ich an einem Bau arbeite, muß ich das gut machen. Besonders im Fall des Mehrfamilienhauses: da wohnt der, der sich kein Einfamilienhaus auf den Leib schneidern lassen kann, also muß ich als Architekt eine Qualität des Raums und des Wohnens schaffen. Solche Gebäude wie zum Beispiel Bottas Neubau für die Banca del Gottardo können im übrigen auch die Funktion wechseln. Bei solchen Gebäuden, Banken, ist nicht mehr der Besitzer der Besitzer – ein solcher Bau gehört nun zur Geschichte der Stadt.«

Das wie ein Kehrreim wiederkehrende Thema der Stadt . . . Das ist ein anderer Pol von Elio Ostinelis spezifi-

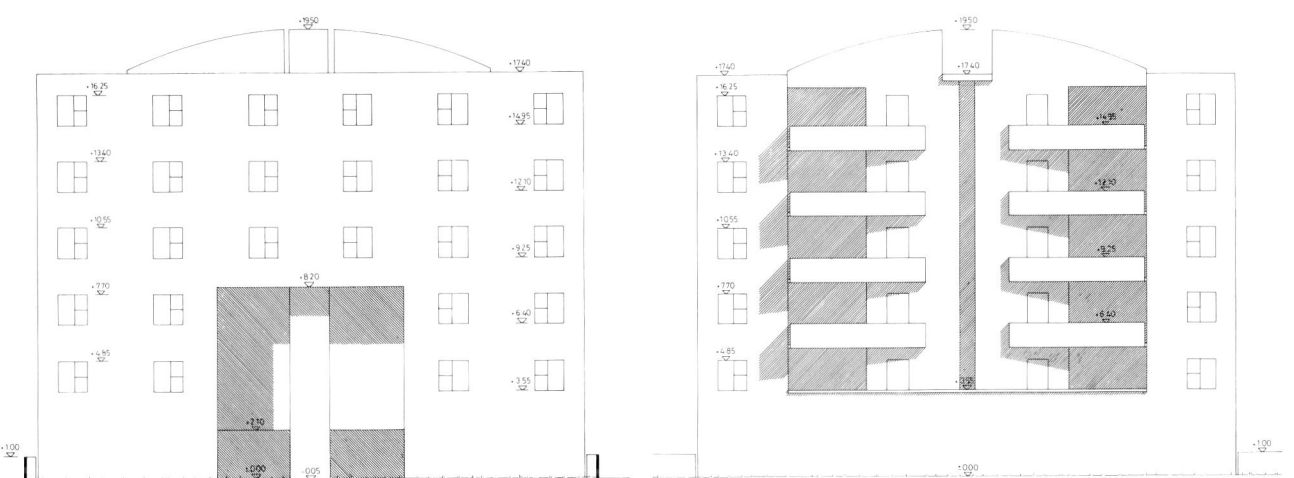

schem Interesse für das Mehrfamilienhaus. Nach Jahren, in denen die Arbeit
mangelte, liegen nun Pläne für verschiedene Bauten auf dem Tisch. Was
die verschiedenen Entwürfe verbindet,
ist die Sorgfalt des Detailstudiums.
Ostinelli treibt seine Recherche in den
letzten Jahren immer dezidierter als
»Materialforschung« voran.

Zu einem kleinen Ferienhaus, das
er in Lugano-Caprino projektiert hat –
es ist nicht gebaut worden – hat er
geschrieben: »In meiner konzeptuellen
Arbeit ist dieses Projekt der Anfang
eines Versuchs, dem ich weiter nach-
gehe: der Versuch, bestimmte Teile eines Projekts – oder die Entscheidung
für sie – mit der Verwendung zweier
oder mehrerer gegensätzlicher Materialien auszudrücken. Im Fall dieses

Projekts: Beton, verputzt und gestrichen, mit Kalksandstein.«

Elio Ostinelli könnte ein Architekt
der zweiten Generation sein, der die
Kühnheit der ersten durch das Raffinement der späteren ersetzt. Seine
Konzepte, obwohl immer klar in der
Anlage, haben alle einen Hang zu feiner Durchmodellierung, man könnte
auch sagen: Delikatesse.

Mit seinen Mehrfamilienhäusern
ist Elio Ostinelli auf relativ unbegan-
genen Pfaden unterwegs. Jedoch teilt
er mit seinen Generationskollegen, auf
eigenartige Weise, den Hang zum
Feinsinn.   d.b.

**Planzeichnungen für das
Mehrfamilienhaus Butti in
Ponte Tresa, Architekten
Fabio Muttoni und Elio
Ostinelli**

Roni Roduner: Die Provokation aufnehmen

Architekt Roni Roduner

An der Kirche von Arzo im Mendrisiotto verkündet eine Tafel des Ente Turistico das Alter des Nucleo Storico des Dorfes: 17. Jahrhundert. Eng aneinander gedrängt die in der Regel dreistöckigen Häuser, früher von Bauern benutzt und bewohnt; heute fahren viele nach Mendrisio und nach Chiasso, Angestellte, Beamte, Arbeiter. Drei wichtige Straßenzüge, die sich auf der Piazza treffen, ein vierter, der leicht hangaufwärts führt, das ist der Kern eines Dorfes, in dem sich die mächtige Bausubstanz früherer Jahrhunderte fast lückenlos erhalten hat.

Im Zentrum des Kerns, wenig unterhalb der Kirche, steht, einen Innenhof dominierend, die Casa Imperiali, das hervorragende Patrizierhaus des Dorfs, unter Denkmalschutz. Die dreieinhalbgeschossige Fassade mit drei übereinanderstehenden feinen, fast filigranen auf Säulen gestützten Arkaden ist ein Kunstwerk zugleich bäuerlicher und patrizialer Art. Man muß wissen, daß es ganz in der Nähe einen Marmorbruch gibt und daß die Arzeser Steinmetzen früher in ganz Europa, vor allem aber im Süden tätig waren – von da haben sie eine barockisierende Kultur eingebracht, von der auch die reich verzierten Fenster der Dorfkirche zeugen.

Architekt Roni Roduner, geboren 1944, ein gebürtiger Rheintaler, wohnt in der Casa Imperiali, hat das leerstehende bröckelnde Haus vor fünfzehn Jahren erworben und für seine Bedürfnisse umgebaut. Die Haustür aus lackiertem Metall signalisiert den »intervento«, der hier zu tätigen war; im Innern führt eine leise singende und schwingende Metallwendeltreppe in die Höhe, bis unters Dach, wo der Architekt sein Studio eingerichtet hat. Die Atmosphäre des Artisanalen ist da überall zu spüren, im Alten wie im Neuen.

Die Zeichnungstische, das Papier, die Planrollen des Architekten; dazwischen und auf der niedrigen Loggia vor den Fenstern aber auch behauene Steinblöcke – plastische Arbeiten, die in den Ateliers von François Stahly (Paris) und Giò Pomodoro (Mailand) entstanden sind, wo Roduner Ende der sechziger Jahre einen Bildhauer-Stage absolvierte. Roduner hat sich, außer im Stein, auch im Metall mit freien bildhauerischen Problemstellungen beschäftigt, und das mag über die persönliche künstlerische Neigung hinaus ein Zeichen dafür sein, mit welcher Intensität hier die Arbeit des Architekten als Arbeit an einem dreidimensionalen Monument empfunden wird; mit Recht hat Heinz Horat diese Bauten als »Skulpturen in der Landschaft« bezeichnet.

Wie Mario Botta oder Luigi Snozzi, die er bewundert, ist Roduner der Überzeugung, daß der Architekt sein Haus als Artefakt in einen Gegensatz zur Landschaft zu stellen habe; und wie sie ist Roduner deutlich von der klassischen Moderne geprägt, von Bauhaus und Folgen, von Corbu und Louis Kahn. Dazu kommen James Stirling und der italienische Rationalismus, Terragni.

Als beeindruckendes Vorbild »in seiner Art zu denken und zu handeln als schöpferischer Mensch in dieser Gesellschaft« nennt Roduner den Architekten der St. Galler Handelshochschule, Walter Maria Förderer, »eine charismatische Figur«. Bei Förderer hat Roduner zwei Jahre gearbeitet.

Als er ins Tessin kam, 1969, kam

Die »Casa Imperiali« in Arzo

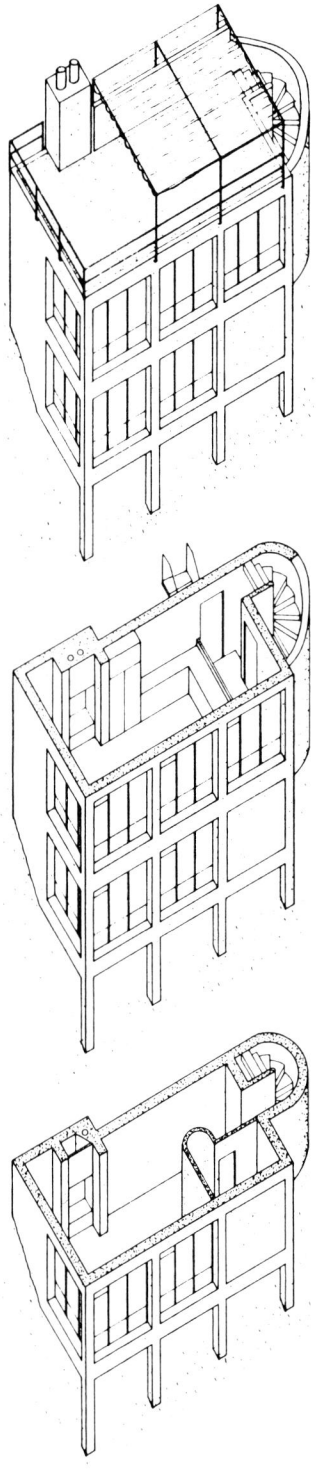

Projekt für ein Einfamilienhaus in Calezzo, 1972; Steinskulptur 1968

er als Mitarbeiter ins Büro von Dolf Schnebli in Agno, der damals die große Überbauung in Littau/Luzern projektierte. Roduner kam nicht wegen irgendeines Gerüchts oder Rufs der neuen Architektur, die just in jenen Jahren in voller kreativer Blüte stand; was sich hier tat, war damals noch nicht nach »draußen« gedrungen. Aber Roduner fand vor, was man fast als einen Querschnitt durch das lokale Erbe Le Corbusier betrachten könnte: Aurelio Galfettis Villa Rotalinti in Bellinzona (1961), Galfetti/Ruchat/Trümpys Scuola Elementare in Riva San Vitale (1962–72), jenes Bagno pubblico der gleichen Architekten in Bellinzona (1967–70), Flora Ruchats Elternhaus in Morbio Inferiore (1967), Ivano Gianolas Einfamilienhaus in

Cugnasco (1970), eine »Unité d'habitation« wie Roberto Bianconis Mehrfamilienhaus an der Via Prato Carasso in Bellinzona (1965-1972) und – vielleicht das anrührendste Corbu-Objektchen im Land – Mario Bottas Einfamilienhaus in Stabio (1965–67).

Roduner, der unter anderen Umständen auch gern fürs Atelier 5 (Halen/Bern) gearbeitet hätte, empfand die Entfaltung einer bewegten Architekturszene sogleich als Anregung: »Das Klima, das durch diese architektonische Wirklichkeit erzeugt wurde, war genau die Fortsetzung dessen, was man sich als Schule wünschen kann. Ganz klar, daß hier im Tessin die Fallhöhe zwischen guter und schlechter Architektur viel höher war und ist als anderswo. Provoziert durch die schlechte Situation entstand auf diese Weise eine architektonische Alternative.«

Roduners erster eigener ausgeführter Bau wurde im Tessin konzipiert – aber nicht hier gebaut. Nach einem ersten Entwurf für ein »Corbusier-Maschinchen« in Calezzo (1972, nicht ausgeführt), baute Roduner für einen Arzt in Villars-sur-Glâne (Kanton Fribourg) das eigentliche Gesellenstück (1979). Das Einfamilienhaus in unverputztem Sichtbeton (innen und außen) weist nach Süden hin, wo sich eine unschöne Siedlung ausbreitet, eine bis auf Sichtluken und einen portalähnlich betonten Eingang ausdrücklich geschlossene Front auf; dafür öffnet sich das Haus auf der unverbaubaren Rückseite gegen Norden, wo eine Wiese und ein Waldrand einerseits einen Blick in unverstellte Natur vermitteln, die andererseits das Licht in vielfachem Wechsel auf das Haus zurückgibt.

Die Orientierung des Wohnbereichs nach Norden und auf der Schmalseite nach Westen ist eine

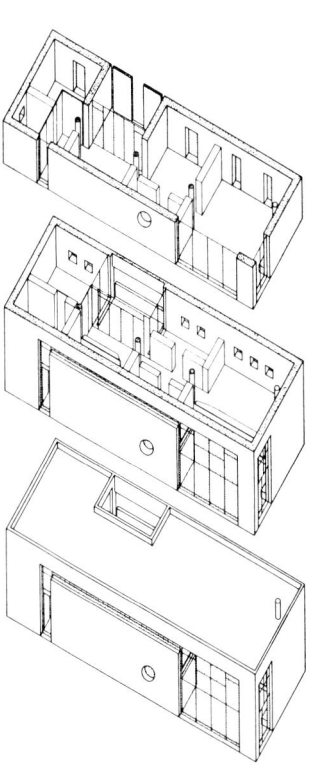

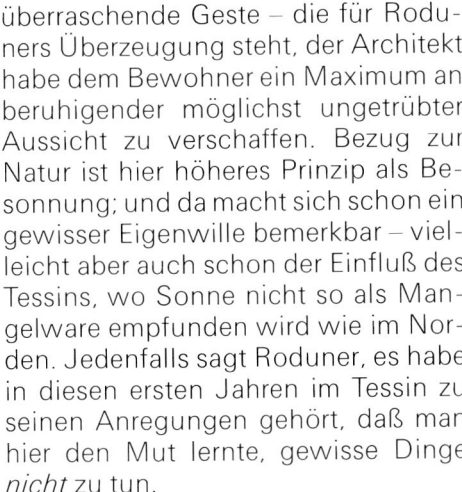

überraschende Geste – die für Roduners Überzeugung steht, der Architekt
habe dem Bewohner ein Maximum an
beruhigender möglichst ungetrübter
Aussicht zu verschaffen. Bezug zur
Natur ist hier höheres Prinzip als Be-
sonnung; und da macht sich schon ein
gewisser Eigenwille bemerkbar – vielleicht aber auch schon der Einfluß des
Tessins, wo Sonne nicht so als Man-
gelware empfunden wird wie im Norden. Jedenfalls sagt Roduner, es habe
in diesen ersten Jahren im Tessin zu
seinen Anregungen gehört, daß man
hier den Mut lernte, gewisse Dinge
nicht zu tun.

Um beim Beispiel Aussicht zu
bleiben: Auch die dem eigentlichen
Baukörper vorgesetzte geschwungene Stützmauer, die beim Haus Martignoni in Comano (1984/85) den hö-
heren vom tieferen Garagenteil trennt,
hat die Funktion, den Blick von den
Wohngeschossen aus über die Zersiedlung zu Füßen des Hangs hinweg-
und auf die gegenüberliegenden
Bergketten zu lenken. Es ist dies eine

**Axionometrie eines
Umbaus in Arzo, 1981–82**

»Regie des Blickens«, die man bei vielen tessiner Architekten findet, allen voran natürlich bei Snozzi und seiner »gerahmten Aussicht« beim Einfamilienhaus in Brione s. Minusio.

Auch als eingewanderter Deutschschweizer will Roduner nicht klagen über mangelnde Solidarität der einheimischen Architekten. Das Haus in Villars, später das Einfamilienhaus in Cavigliano (1981–82) wurden in der Rivista Tecnica selbstverständlich als tessiner Architektur publiziert; umgekehrt hat Roduner sofort damit begonnen, sich intensiv mit der vorhandenen Bausubstanz auseinanderzusetzen. Mehr noch: in dieser ortet er die eigentliche Kraft, die die jungen Alternativen beflügelt. »Die schlechten Baubräuche der fünfziger und sechziger Jahre, die auf eine gewachsene, starke Struktur prallten, haben etwas provoziert. Die Qualität, die die alte Architektur ganz offensichtlich hatte, und die man nun zum Teil zu konservieren begann, provozierte eine neue Qualität, die die alte fortsetzte. Tradition und neues Bauen traten so in einen gewaltigen Kontrast zur ›gewöhnlichen‹ Wohnraumproduktion.«

Roduners architektonische Recherche hat sich denn auch an zahlreichen »riattazioni« (= Umbauten) entwickelt und bewährt. Die Liste der von ihm durchgeführten »restauri« umfaßt Objekte in Palagnedra (1972), Arzo (1973 und 1982), Rancate (1974), Tremona (1977), Morbio (1982 und 1983), Stabio (1983) und Coldrerio (1984). Mit wenigen Ausnahmen handelt es sich bei diesen Objekten um jahrhundertealte Häuser, die dem Zerfall preisgegeben waren; der Eingriff des Architekten war also tiefgreifend und bestand keineswegs nur aus Instandstellung und Retuschen.

Es gibt im Tessin ein paar Beispiele für interessante und gelungene

Umbauten historischer Substanz:
Bottas Biblioteca Salita dei Frati
(Convento dei Cappuccini, Lugano,
1979) und Bottas Umbau des Einfamilienhauses in Morcote (1982/84),
Campis Museum in einem der Castelli
von Bellinzona und Reichlin/Rein-
harts Entwurfe für den Umbau eines
anderen, Campis Blumenladen an der
luganeser Via Nassa und ein paar andere Dinge mehr. Das Auffallende dabei ist, daß die Architekten solche Arbeiten eher verschämt publizieren und
daß zum Beispiel die Rivista Tecnica,
die sonst doch eine Art fortgeschrie-
bene Buchhaltung des Bauens im Tessin betreibt, dem Umbau noch keine
Sondernummer gewidmet hat. Dafür
hat Roduner eine einfache Erklärung:
»Es ist natürlich weniger spektakulär,
Umbauten zu machen – weil es viel
schwieriger ist, darüber zu schreiben.
Und weil man nicht so auffällt. Und
weil ein Umbau nicht soviel hergibt,
wenn man ihn fotografiert.«
  Dabei gibt es nirgendwo in der
Schweiz soviel leerstehende alte Sub-

**Sanierung alter Bauern-
häuser, Details**

**Einfamilienhaus in
Cavigliano, 1983**

stanz, die eine »riattazione« verlangte, wie im Tessin. Die fünfziger und sechziger und noch die siebziger Jahre kannten den Exodus der einheimischen Bevölkerung, den Exodus aus den Tälern in die städtischen Zentren, aber auch den Exodus ganz allgemein aus dem alten Gemäuer in die neuen Einfamilienhäuser und Wohnblocks am grünen (nicht mehr lange grünen) Rand. Seit Generationen hat man in den tessiner Dörfern dicht an dicht gelebt, mit rudimentären hygienischen Einrichtungen, oft ohne Heizung, in Armut schlotternd vor dem einzigen Kamin. Es ist verständlich, daß viele die Gelegenheit ergriffen, sich aus dem alten feuchten Mauerwerk davonzumachen. Das Resultat: viel leerstehender Raum, und im Anschluß die Ankunft der Deutschschweizer, die kein solches Mauer-Trauma haben . . .

Roni Roduner ist in der Lage, aus Erfahrung über die Probleme des Umbaus zu sprechen. »Vater dieser Richtung der Architektur – und um eine eigene Disziplin handelt es sich – dürfte wohl der Italiener Carlo Scarpa sein. Scarpa, der in Verona das Museo Castel Vecchio umgebaut hat, der für Olivetti viel gemacht hat, die berühmte Tomba Brion, übrigens auch am Zürichberg ein Einfamilienhaus – ein famoser Mann. Er kommt aus einer italienischen Handwerkertradition, und Handwerker, motivierte Handwerker sind auch für mich eine der positiven Erfahrungen in diesem Tessin.«

Für jeden Umbau gibt es die Grundregel: Wenn man ein bestehendes Gebäude vor sich hat, gilt es zuerst einmal, eine sorgfältige ›lettura‹ anzustellen. »Eine genaue Bestandsaufnahme, die das Ältere vom später Hinzugefügten unterscheidet, eine ›Lesung‹, die das Wesentliche sichtbar machen soll. Wobei nicht alles ›falsch‹ sein muß, was spätere Hinzufügung

ist; eine verglaste Loggia zum Beispiel, ist die Verglasung richtig gemacht, nämlich etwa mit feinen Metallprofilen, kann durchaus respektiert werden. Die Hauptstruktur ist das Richtmaß – die muß erhalten bleiben.«

Der Eingriff soll nun ein Gleichgewicht gewährleisten: zwischen der alten Substanz, die durch den ›intervento‹ herausgearbeitet wird, und dem neuen, dem ›intervento nuovo‹, der deutlich abgesetzt werden soll. Je stärker die neuen Strukturen sind, desto kräftiger kommt das Alte zum Ausdruck. »Je kühner ich kristallklar mit neuen Sachen in das Alte hineingehe, desto wertvoller wird das Alte.«

Wir haben hier also die klassisch-neue tessiner Situation: Wie beim Neubau der Gegensatz zwischen Artefakt und Natur demonstriert wird, akzentuiert man hier den Gegensatz zwischen Alt und Neu. Also auch hier bloß keine Mimetisierung: jede Angleichung des Neuen ans Alte führte zu einer Schwächung der originalen Substanz.

Bei Reichlin/Reinharts Vorschlag für das Castello in Bellinzona geht diese Auffassung ins Extrem: dort wird der alte Baukörper selbst als Museumsstück ›ausgestellt‹.

»Man kann sagen: diese Art von Umbau ist so etwas wie eine Autobahn bauen in intakter Landschaft. Die Autobahn soll ›schön‹ sein, für sich genommen, in einer modernen Sprache ›verfaßt‹, und die Landschaft soll intakt bleiben. Zwischen beiden Polen ein formuliertes, spezifisches Spannungsverhältnis. Ein solches Gleichgewicht ist natürlich nur im individuellen Fall wägbar. Ich will ja mit meinem Eingriff das alte Gebäude nicht auslöschen – dann baue ich schon lieber ein neues.«

Es ist in diesem Land für die jungen Architekten aber nicht ganz einfach, Bauherren für neue Häuser zu finden, besonders wenn man manchmal auch nein sagen will. So ist auch Roduners Werkverzeichnis, auch wenn er nun fünfzehn Jahre an der Arbeit ist, nicht das eines Generalunternehmers.

1981 baute er in Cavigliano – drei Jahre nach dem »Erstling« in Villars – ein auf dem Dreieck aufgebautes, steil in den Hang hineingebautes Einfamilienhaus, 1983 ein erstes Haus in Comano, 1985 ein zweites. Anderes blieb Projekt wie das interessante Doppelhaus für zwei Geschwister in Coldrerio: eigentlich ein ganzer, spiegelbildlich zur Mittelachse angeordneter Baukörper (Kubus), der nun aber mittendurch, mit herrischer, definitiver Gebärde in zwei Hälften geteilt wird durch eine durch das Haus hindurchgehende und über es hinausreichende Mauer. Zwei Häuser sind an ihr angeordnet wie zwei gegenständige Blätter an einem Stiel – oder wie eben zwei Brüder im Leben stehen mögen.

An diesem Bau ist ein Lieblingsthema Roduners – und wiederum ein Lieblingsthema eines großen Teils der neuen Architekten – ablesbar: die Symmetrie. Sämtliche Neubauten Roduners der letzten Jahre weisen, bei ganz unterschiedlicher Stereometrie, radikal axialsymmetrische Grundrisse auf: Suche nach einer Art von »Ruhe und Ordnung«, die auch als Antwort auf das Chaos einer jeder Kontrolle entglittenen Bautätigkeit gedeutet werden kann. Symmetrie als baulicher Ausdruck von Moral – vielleicht ist das nicht zu weit hergeholt. Jedenfalls hält es Roduner mit O. M. Ungers: »Bei der Symmetrie handelt es sich um ein Ordnungselement, durch das eine zusammenhängende Struktur im Durcheinander der Dinge sichtbar gemacht werden kann.«

Keine Medaille ohne Kehrseite: ausgehend von der klaren Behauptung straffer Symmetrie (Roduner: »Für viele heutige Menschen eigentlich schwer zu ertragen«), zeigt er, quasi als formale Überlagerung, eine Vorliebe für organische Formen, für das geschwungene Rund einer frei in den Raum gesetzten Treppe, die an der Brüstung in einem seinerseits gebogenen Mauerteil ausschwingt (ferne Erinnerung an Tamis Biblioteca-Treppe), für einen doppelt konvex ausgewölbten unteren Dachabschluß, der ein flaches Satteldach in die vertikalen Außenmauern sozusagen mit einem zweifachen Aufseufzen überführt. Oder, bei beiden Comano-Häusern, er lagert der straff geführten Hausform eine geschwungene Gartenmauer vor, die das Thema der Symmetrie aufnimmt, nun aber in fließender Bewegung gemildert.

Anleihen bei postmoderner Neo-Ornamentik? Roduner muß gestehen, daß ein Architekt, der sich interessiert für das, was um ihn herum vorgeht, nicht frei sein kann von Einflüssen, bewußt erlebten und unbewußt erlittenen. Hierin steht er freilich Campi näher als Botta. Und möchte doch kein Postmoderner (im amerikanischen Sinne) sein. »Die Postmoderne neigt zum Bühnenbild, und das Bühnenbild ist etwas, das eine zeitlich beschränkte Anwendung hat. Architektur kann kein Bühnenbild sein. Hier geht es darum, an einem gewachsenen Ort etwas hinzustellen, das vielleicht für die nächsten paar hundert Jahre stehen bleibt. Täuschungen, trompe l'œil gab es immer, und immer auch schon im Tessin. Aber Far West, Disneyland, Venturi und Rauch haben hier nichts zu suchen. Da gibt es nur einen möglichen Weg: die Fortsetzung der klassischen Moderne.«

Immer wieder wird bei Roduner die Nähe zur bildenden Kunst spürbar.

Fensterausblicke wie Bilder, mit abgetönten Streifen »gerahmte« Fassaden, Treppenkonstruktionen, die wie Eisenskulpturen im Raum stehen. Am Rand des Swimming Pools von Comano I – kristallblaues Wasser im azur geplätteten Pool, rote Zementplatten als Umrandung, zwei weiße Metalliegestühle, eine symmetrisch zum Haus hinaufführende Doppeltreppe in weiß gestrichenem Beton, darüber der Mast einer gebogenen Schiffslampe, im gleißenden Sonnenlicht alles in die Überklarheit eines Gemäldes getaucht –: »Hockney«, sagt Roduner, »ist das nicht wie ein Bild von David Hockney?« Und es ist von Hockney: den hat er sich für dieses Arrangement wirklich zum Vorbild genommen.

Ja, auch hier der leise Hang zum Hedonismus.

Aber was ist mit jener anderen Forderung der klassischen Moderne, die aufgebrochen war, Wohnraum für den kleinen Mann zu schaffen, für die das Wort vom sozialen Wohnungsbau kein Fremdwort war? »Als Architekt«, sagt Roduner, »muß ich bauen, was ich kriege. Baue ich nicht, baut ein anderer, und dann vielleicht schlechter. Und ich muß so bauen, wie ich darf, behindert durch die immer absurder werdenden Regolamenti, Fassadenlängen, Höhen, Satteldächer, Stützmauerhöhen, für all das gibt es immer mehr Vorschriften. Du hast nur die Möglichkeit, dich im Vorhandenen einzurichten. Als Architekt kann ich keinen Einfluß nehmen zum Beispiel auf den piano regolatore (Ortsplanung), der oft in der Hand unfähiger oder gescheiterter Architekten liegt.«

»Wenn man den guten Architekten endlich mal ganze Überbauungen anvertrauen würde, würden die von ganz anderen Prinzipien ausgehen. Man würde von der Gesamtbesiedlung ausgehen, und nicht von der ba-

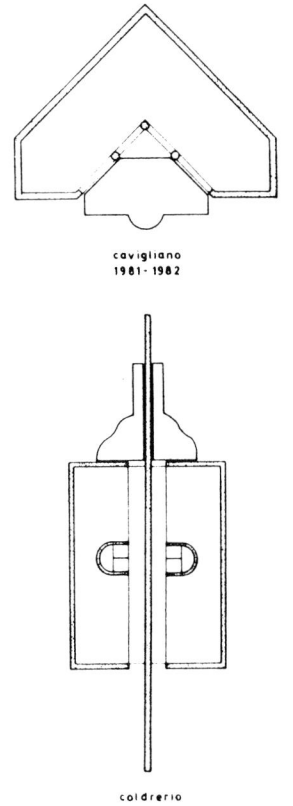

cavigliano
1981-1982

coldrerio
1983

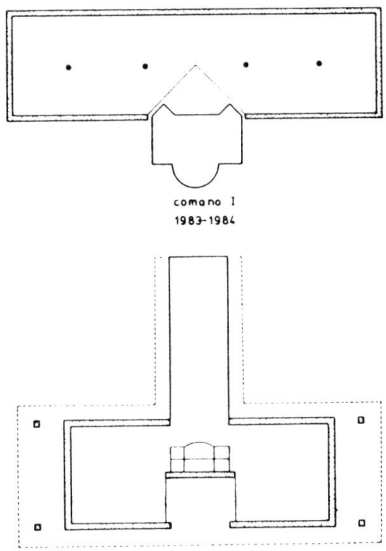

comano I
1983-1984

comano II
1984

nalen Aufteilung in Parzellen. Heute wird Ortsplanung weitgehend von der politisch stärksten Gruppe eines Dorfes gemacht, die natürlich ihre partikulären Interessen hat. Da werden einfach Flächen farbig eingefärbt: pauschal erledigt, ob Hanglage oder Ebene spielt bei denen keine Rolle. Der Architekt würde gern von der Gestalt der Landschaft ausgehen – er kann es nicht, weil die Vorschriften dafür nicht flexibel genug sind. Man kann Planung nicht generell verdammen – ohne Planung würde noch heute jeder mitten in jeden Wald bauen können. Aber diese Mimetisierung, das sogenannte ›Eingliedern‹, indem man Vorsprünglein und Dächlein zu machen hat, die aus der Umgebung abgeleitet sein sollen, das ist lächerlich. Man kann mit dem Giebeldach auch etwas machen, was mit der Typologie von früher hinten und vorn nichts zu tun hat. Wenn man Typologie wollte, müßte man den Baukörper als Form vorschreiben, also in gewissen Gebieten schmal und hoch, was im allgemeinen jetzt kaum angestrebt wird und was die Vorschriften in manchen Gemeinden sogar verhindern. Und dann: die alten Häuser hatten eine bestimmte Funktion, die neuen Häuser für die Avvocati haben eine andere. Wenn man denen ein ›Bauernhaus‹ vorschreibt, so ist das ein Witz. Was man schützen muß, das sind die alten Kerne – und für neu überbautes Gebiet müssen andere Kriterien gelten. Das Alte muß so geschützt werden, daß es als Dokument lesbar bleibt.«

So etwas hat Roduner, der wie der verehrte Snozzi einen Hang zur Urbanistik hat, in seinem Entwurf für ein neues Zentrum in Martigny (Wallis) versucht: das schlechte Neue wegräumen, das gute Alte stehen lassen, und das Alte mit deutlich gesetztem Neuen

Villa in Comano bei Lugano, 1985

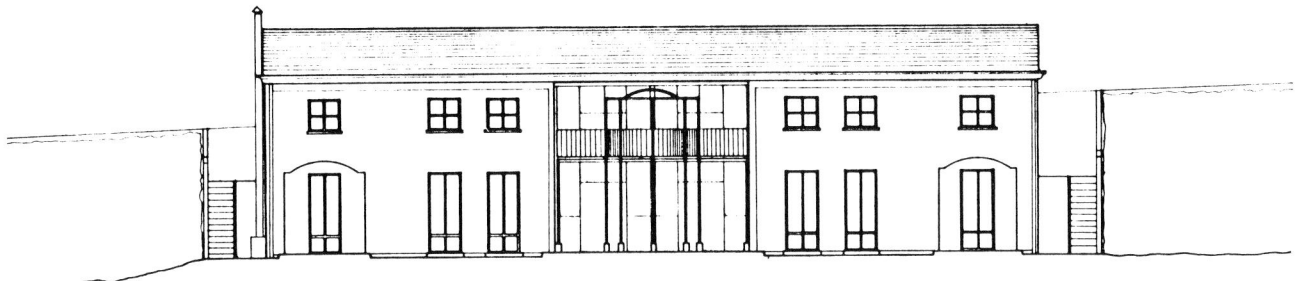

verbinden. Kein Mimikry – Akzente.

Und zur Verblüffung des Bericht-
erstatters leitet Roduner daraus gleich
eine neue Dimension der Architektur
der Zukunft ab. »In Martigny begann-
nen sich die Leute aufzuregen über
das urbane Niemandsland, über das
Durcheinander einer Zone, die in der
Hauptsache in den fünfziger Jahren
überbaut worden ist. Jetzt wird das
abgerissen. Die merken jetzt langsam,
daß man putzen muß, was man damals
verbrochen hat, und im Tessin merkt
man es auch. In Mendrisio hat Gianola
nun die Möglichkeit, mit dem Umbau
der alten Filanda-Fabrik bis ins Herz
der Altstadt vorzustoßen, in Bellinzona beinhaltet die Planung für die
Piazza del Sole, daß der bestehende
Migros-Pilz abgebrochen wird. Man
muß jetzt damit beginnen, aufzuräu-
men, was damals verkachelt wurde.
Gewisse Bauten dieser Epoche sind
rein von der Funktion her veraltet; der
Weg zu etwas Neuem ist frei. Da habe
ich keine Bedenken, daß uns da die
Arbeit ausgehen wird, das alles hängt
nur vom Bewußtsein der Politiker ab.«

Roduners Wort in ihr Ohr! Kommt
es dort an, wartet freilich eine Arbeit
des Herkules, Arbeit in einem architektonischen Augiasstall, auf Jahre. Un-
vorstellbar? Für den Architekten Roni
Roduner schon fast Wirklichkeit: »Das

ist doch das Angenehme an der Situation im Tessin – durch die vielen Diskussionen über Architektur, die hier in
aller Öffentlichkeit geführt worden
sind, durch all die Vorträge, Podiums-
diskussionen, Publikationen ist das
Terrain ganz gut durchgeackert.« d. b.

Bassi, Gherra & Galimberti, Lugano: Die Chance der Erben

Die Architekten (von links) Giovanni Gherra, Antonio Bassi und Dario Galimberti

Hier handelt es sich um echte dritte Generation. Sie gingen zur Schule an der Scuola Tecnica in Lugano-Trevano und schlossen 1978 dort mit dem Diplom ab; sie gingen zur Schule bei Giancarlo Durisch und Fabio Reinhart, die an der Scuola Tecnica unterrichten – zwei Architekten, die an der ETH Zürich zur Schule gingen, als Alberto Camenzind noch Professor war und Aldo Rossi als Gastdozent auftrat; Reinhart war überdies Assistent bei Rossi. Rossi, den Einflußreichen, haben Bassi/Galimberti/Gherra nur einmal gesehen, bei einem Vortrag, wohl durch Reinhart organisiert – man sieht bei dieser Gelegenheit, wie eine Inspiration sich ausbreitet, und verdünnt.

Bassi, Galimberti, Gherra gingen zusammen zur Schule und sind später zusammen geblieben; seit 1978 betreiben sie ein Architekturbüro in Lugano-Viganello. Sie haben sich nie weit von ihrem Herkommen entfernt – oder gehören einer Generation an, die nicht mehr emigrieren muß, um Wissen zu erwerben; sie kriegen es inzwischen frei Haus geliefert. Galimberti (unser Gesprächspartner) erinnert sich gern an die Exkursionen mit der Schule, Ausflüge nach »draußen«, die Reisen nach Rom, nach Amsterdam, nach Barcelona. Sie sind dahin gefahren, wo etwas los war in der Architektur, ganz locker, kann man sich vorstellen, aber die Welt fanden sie auch zu Hause vor, denn was die Architektur betrifft, war das Tessin der frühen siebziger Jahre alles anderes als eine

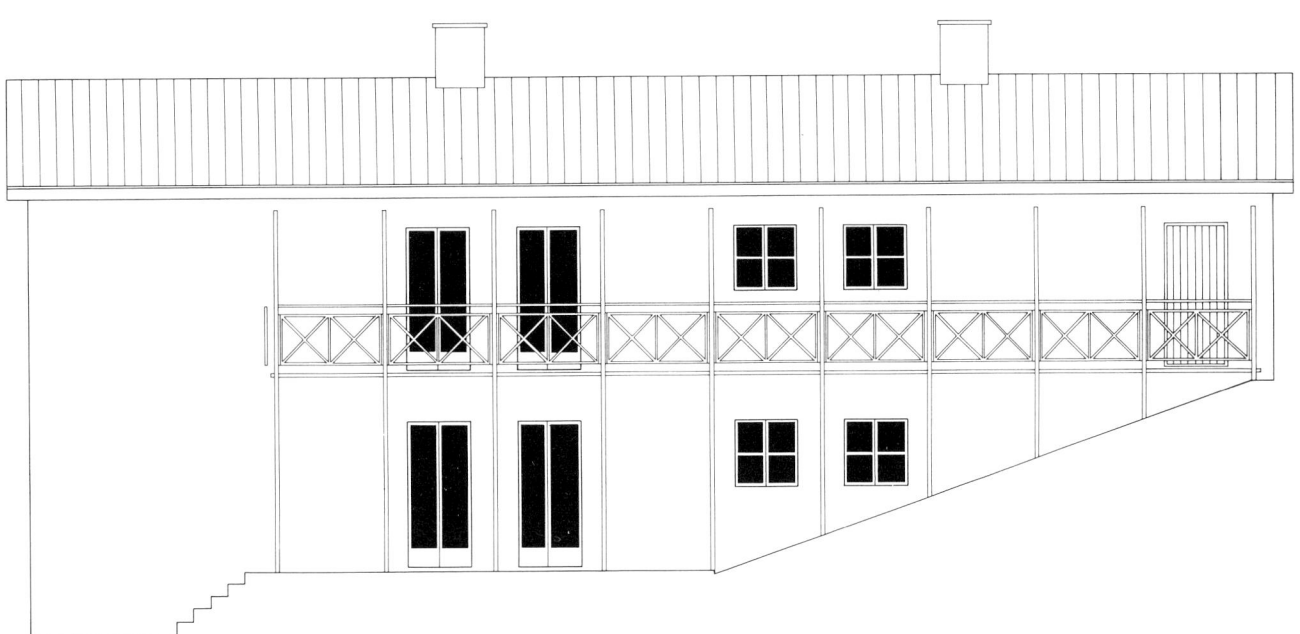

abgelegene Insel. Daß zwei von ihnen in einem alten Haus in Sonvico zusammen wohnen, ist in diesem Zusammenhang wohl auch mehr als ein zufälliges Detail.

Ihre Ausbildung an der Berufsschule, ohne Matura und Polytechnikum, ist für die jüngeren Architekten auch nicht mehr so außergewöhnlich: Schule bis zur mittleren Reife, dann sieben bis acht Jahre Fachausbildung und Diplom. Die Schule in Trevano (in einem Kanton, der, immer noch, keine eigene Hochschule besitzt) genießt einen ausgezeichneten Ruf und zählt die besten Fachleute zu ihrer Lehrerschaft. Der Umstand, daß in diesem Punkt eine Art Autonomie erreicht wurde, kann zum Selbstbewußtsein der tessiner Architektur nur beitragen . . .

Am Studio der drei jungen Architekten an der bürgerlichen Via Pedemonte eine Messingtafel; die gravierte Firmenanschrift in Antiqua, etwas altmodisch, so wie junge Leute in der Stadt manchmal altväterliche Filzhüte

**»Casa Bellini« in
Monteggio, 1978**

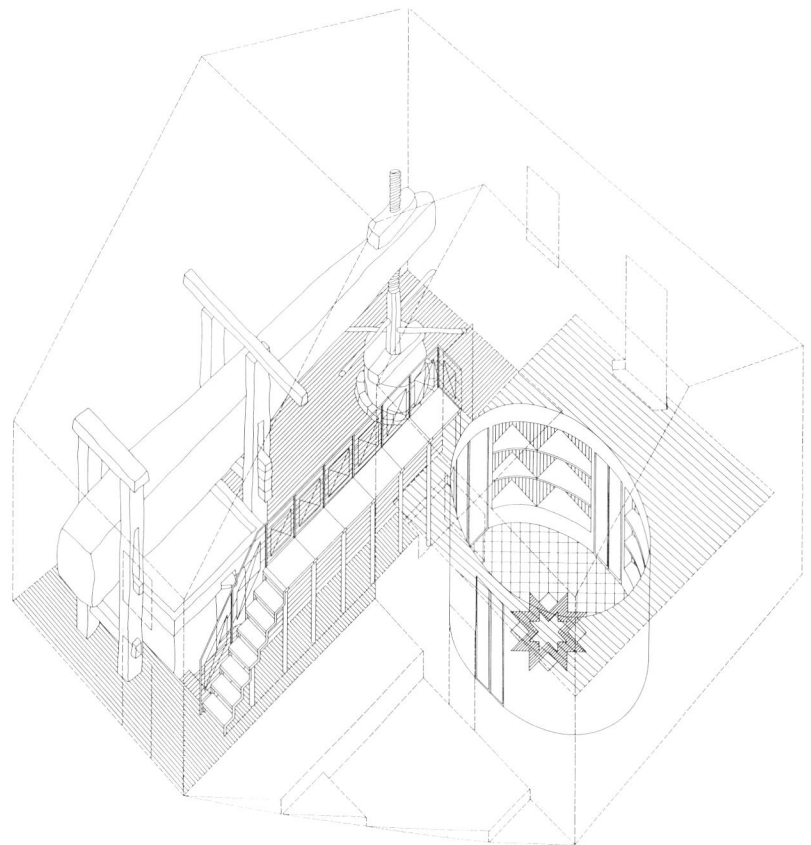

über ihren jungen Gesichtern tragen – ein Effekt, der durchaus berechnet ist. Ein Signal, das mehr in die Vergangenheit als in die Zukunft weist: B, G & G reden denn auch nicht von der klassischen Moderne und ihrer Fortsetzung, jedenfalls nicht in unserem Gespräch: es fallen die Namen Michelangelo und Borromini, Ledoux (Architekt der französischen Revolution) und natürlich Rossi.

Sie reden nicht von einer Tendenz oder einer Richtung, sondern verweisen auf Einflüsse und Vorbilder im einzelnen Fall; sie leben vom ekklektischen Vergnügen an einer Architektur, der die Tradition offensteht wie eine gigantische Spielzeugtruhe; wenn man ihre Häuser ansieht, hat man plötzlich die Assoziation ans Puppenhaus, an eine kindliche Vergnügtheit von damals; Puppenhäuser ohne den schrecklichen Inhalt von Ibsen, ein Anflug von häuslicher Zufriedenheit am Ende dieses zerklüfteten zwanzigsten Jahrhunderts.

Was sie bisher geplant und gebaut haben, die drei »jungen Löwen« (Rivista Tecnica), kann man noch überblicken.

Ihr erstes Haus (1978) steht in Monteggio im Malcantone, ein einfacher, quer zum Hang gestellter kubischer Bau unter Giebeldach, rossianische Quadratfenster mit eingeschriebenem Fensterkreuz, auf der Höhe des ersten Geschosses eine Außenloggia (= Balkon), der die Zimmer miteinander verbindet. Ablesbar, in den Details, der über Reichlin/Reinhart vermittelte Einfluß Rossis; in der großen Form die Tradition des hohen schmalen tessiner Hauses. Die Stellung quer zum Hang wäre in der Tradition freilich sehr ungewöhnlich. Das Haus in Monteggio ist von einem Gärtner bewohnt, der viel selbst gemacht hat an diesem Bau – und mit diesem Klienten eröffnen die drei, absichtlich oder zufällig, ein neues Thema im Umkreis einer Architektur, die sonst vor allem für die neue intellektuelle Großbourgeoisie tätig wird: das Thema des Hauses-für-den-kleinen-Mann. Man wird sehen, daß sie dieses Thema mit einer gewissen Konsequenz erweitern.

Daß dies alles Häuser mit Allüren sind und nicht die neo-franziskanische Billigarchitektur nördlicher Versuche, wo bereits die Fassade das Signal ist für den Eintopf auf dem Eßtisch, macht die Arbeit dieser drei Tessiner auch bemerkenswert.

Ihr zweites Haus (1980) steht in Cadenazzo; sein Grundriß mißt 10 × 8 Meter, es wird von einem Chauffeur und seiner Ehefrau bewohnt und es hat 220 000 Franken gekostet, tout compris. An einem Hang zu Füßen des Monte Ceneri, in einem dörflichen Außenquartier, in dem in den letzten Jahren viel gebaut worden ist, steht da ein kleines Bijou mit einem deutlichen Rossizitat auf der nach Norden ausgerichteten Frontseite: ein hochstehendes Rechteck mit darübergestelltem Dreieck mit dem obligaten runden Loch im Zentrum – hier als Ausguck aus dem Estrichgeschoß benützt. Sechs Räume, im Zentrum des Hauses ein zweigeschossiger lichter Raum (ähnlich wie in der Casa Tonini in Torricella, freilich unprätentiöser); am kleinen Balkon auf der Frontseite die obligaten Quadratgitter mit Diagonalkreuz; quadratische Fenster wie in Monteggio; die Fassaden verputzt und in Pastellfarben gestrichen, in dunklerem Ton umrandet – ein Exercice de style auf kleinstem Raum.

Die Architekten haben viel investiert in ein kleines Objekt, man sieht es, und Galimberti erinnert sich an die Berge von Detailplänen, Zeichnungen, die man gemacht hat mit äußerster Sorgfalt (eine an Maurits Cornelis

Escher gemahnende Axionometrie, auf der man das Häuschen gleichzeitig von unten-innen und von oben-innen sieht, ist wichtige Präsentation; es war das Gesellenstück.) In einem solchen Fall muß man vielleicht auch einmal mit einem reduzierten Architektenhonorar auskommen – sie haben dann ausgerechnet, daß die Architekten bei diesem Objekt auf einen Stundenlohn von Franken 3,– gekommen sind. Dafür steht nun da ein Kunstgebilde der rührenderen Art – und zugleich eine Art in Backstein hochgemörtelte Visitenkarte.

Zur gleichen Zeit wie das Haus in Cadenazzo betreuten B, G & G einen Umbau in Sonvico: Zwei alte Rustici mit einer uralten Presse für Olivenöl und Trauben war in ein Ortsmuseum zu verwandeln. Umbau, in dem man Signale setzte: über der Traubenpresse entlang führt ein eiserner Steg, ein auf- oder angesetztes Element, das seinen Ursprung im 20. Jahrhundert nicht verleugnet; im Nebenraum ein kleiner, runder Ausstellungsraum mit

Umbau einer alten Ölpresse in Sonvico, 1979–83; der elliptische Saal dient als Ortsmuseum; linke Seite unten: Detail der neu eingebauten Galerie

die mit vorhandenen »Wörtern« neue »Sätze« bildet; das Haus für die Brüder ist – ähnlich wie Roduners Entwurf für das Doppelhaus in Coldrerio, und verwandt mit einem Projekt für ein »getrenntes Ehepaar im selben Haus«, das Botta zurzeit projektiert – eine Übung in Symmetrie; das Haus von Bassi, Gherra, Galimberti ist auf der Mittelachse spiegelbildlich gedoppelt. Wieder bezieht sich das Haus auf Rossi, freilich nicht unbedingt in der äußeren Erscheinung als vielmehr in der konzeptuellen Vorarbeit, die die Geschichte der Architektur als zitierfähiges Vokabular einbezieht. »Rossi«, sagt Galimberti, »hat uns die Methode vermittelt, vorhandene Architektur für unsere Bedürfnisse zu interpretieren und umzudeuten.«

An diesem Punkt der Entwicklung erscheint alle Architektur gleich nah zu den Problemstellungen der Gegenwart, ein riesiges Arsenal oder Archiv möglicher Lösungen, die nicht mehr – wie bei den Anhängern und Abkömmlingen der klassischen Moderne – in einer hierarchischen Folge hintereinander stehen. Architektur wird, weit über den Zweck hinaus, zu einem Spiel mit den Fixsternen im schwerelosen Raum der Geschichte; alles steht zur Verfügung, anstrengungslos stellt sich Gelingen ein – ein Hauch von Hellenismus weht wie leiser Abendwind in den letzten Schöpfungen der jungen tessiner Architekten.

Als Beleg mag die Coop-Filiale gelten, die Bassi, Gherra, Galimberti in dem Sonvico benachbarten Dino gebaut haben. Oder bauen wollten – denn der ausgeführte Ladenbau entspricht nur zum Teil den Phantasien der Entwerfer. Was man in Dino heute sieht, ist eine einfache Beton-Schachtel mit einer von außen seitlich sichtbaren Trägerkonstruktion, da der

sternförmig ornamentiertem Boden (worauf die Assoziation an Michelangelos Sternmuster auf dem römer Campidoglio fällig wird).

1979 baute man in Caneggio ein Haus für einen Flachmaler um, im gleichen Jahr entstand in Carabbia ein neues Haus für einen Bankangestellten, ein Haus »nach einer Idee des neunzehnten Jahrhunderts«. Die jungen Architekten in Viganello haben keine Scheu, den Ursprung ihrer Ideen zu zitieren.

Für ihr nächstes Haus, wiederum in Sonvico, stellten die Architekten eine Dokumentation über traditionelle Architektur des Tessins zusammen. Es ist ein Haus für zwei Brüder, in der Grammatik der lokalen Bauweise, eine Anwendung der Grammatik jedoch,

»Casa De Campo« in
Cadenazzo, 1980; Interieur
mit Cheminée

Ladenraum ohne innere Stützen ausgeführt werden sollte. An einem solchen Industriebau wäre nichts beson-
deres – im Gegenteil wird dessen »Ge-
wöhnlichkeit« sogar ausdrücklich vor-
gezeigt –, wäre da nicht die Eingangs-
fassade: eine Kolonnade in Backstein-
Halbsäulen, in deren rechtem Feld die
Eingangstür eingelassen ist; über ihr
das schon vertraute »Rossi-Loch«.

Man blickt eine Weile verstört auf
diesen Backsteinzierrat, bis einem die
historische Dimension aufdämmert:
Borrominis barocke Fassadenkultur.
Tatsächlich handelt es sich bei dieser
Coop-Fassade in Dino um die Klitte-
rung zweier Borromini-Herrlichkeiten
in Rom: einerseits um das Zitat jener
Fassade des Convento dei Filippini,
die mit ihren symmetrisch vorkragen-

den Flügeln den Betrachter und Be-
nutzer sozusagen wörtlich »umarmt«,
andererseits um die Herübernahme jener Backstein-Halbsäulen, die das
Tiburio von S. Andrea delle Fratte mar-
kieren. Auch in Dino hätte der Eingang, wäre es nach den Architekten
gegangen, in der Mitte liegen sollen,
und auch in Dino war anstelle der jetzt
flachen eine dynamisch geschwungene Fassade vorgesehen gewesen.
Die aufs Praktische gerichteten Wün-
sche des Bauherrn – der lokalen Kon-
sumgenossenschaft, die sich immerhin auch so zu einer ungewöhnlichen
Lösung überreden ließ –, machten
massive Abstriche nötig. Daß die Architekten auf zwei der wesentlichen
Merkmale ihres Entwurfs – Mittelsym-
metrie und Plastizität der Fassade –
verzichteten, spricht für sich; aber daß
die Sakralarchitektur eines Borromini
hier in die Niederungen der Waren-
und Krämerwelt herunterzitiert wird,
ist doch ein Aufsehen wert.

Eine Prise Rom, eine Prise Wild-
west (die lockende Fassade des Sa-

**»Casa Bersier« in
Carabbia, 1980**

loons mit der Einfalt der dahinterlie-
genden Schenke) – der ausgewan-
derte Landsmann Borromini, sagt Galimberti, habe sie eben interessiert,
nachdem sie auf einer Schulreise Rom
gesehen und sich dann lesend in den
Melancholiker B. vertieft hatten.

Im Umgang der jungen Architekten mit der Tradition liegt Neugier,
aber keine Devotion.

Das neueste Haus der drei steht
in Cadenazzo. Wieder ist es für einen
Bankangestellten erbaut, für 380 000
Franken fünf Zimmer, zwei WC, Bad,
Dusche, großer ausgebauter Dach-
stock und Warmluftheizung mit Ther-
mopumpe, Loggia, Garage, Garten.
Und wieder kann Galimberti eine Vor-
lage auf den Tisch legen: In Kauf-
manns Buch über »Drei Architekten
der Revolution« die Abbildung eines
Hauses von Ledoux, 1773, das im ersten Geschoß die charakteristische,
säulengestützte Loggia aufweist, im
übrigen einen symmetrischen Grundriß mit längs geführtem Giebeldach
wie das Haus in Camorino.

**»Casa Malfanti« in
Sonvico, 1981**

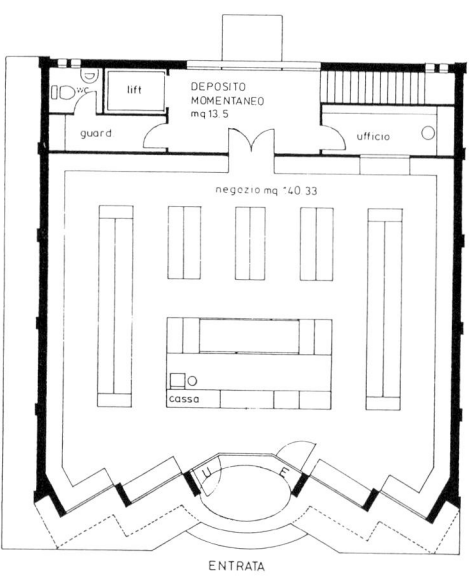

DEPOSITO MOMENTANEO mq 13.5

lift

guard

ufficio

negozio mq 140.33

cassa

ENTRATA

**Coop-Filiale in Dino, 1982.
Oben rechts: Grundriß-
Vorstudie; oben links:
Detail von Borrominis
Sant'Andrea delle Fratte
in Rom**

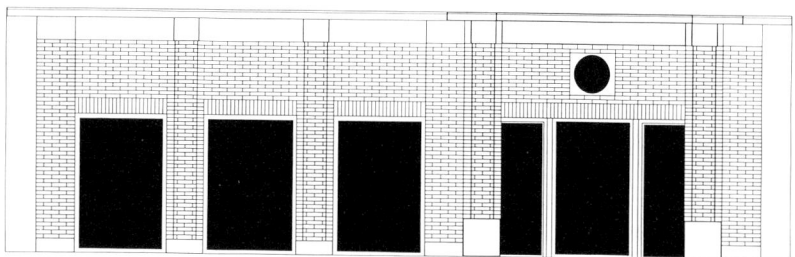

Ob diese Fassade nicht zu sehr an eine Kirche erinnere, hat der Bauherr seine Architekten besorgt gefragt; schließlich hat er das gleiche Problem wie dutzende anderer Bauherren, die sich von den neuen Architekten ein Objektchen zeichnen lassen: die unterscheiden sich dann notgedrungen deutlich von der Gebrauchsarchitektur in den Überbauungen, in denen ihre Häuser stehen – nicht jeder aber möchte mit seinem Haus ein Aufsehen machen. Der Architekt hat den Bauherrn beruhigt: die Form der Loggia sei durchaus auch beim Bau herrschaftlicher Villen üblich gewesen.

Im übrigen setzt sich die Gedankenwelt, aus der die Fassade stammt – nämlich, über den Anlaß Ledoux hinaus, übers Barock in die Antike zurück – im Innern fort, etwa in Gestalt des Kamins im zentralen Bereich des Erdgeschosses, der im obern Teil die einfache kubische Form des Kaminaufsatzes, im untern aber, farblich und im Material abgesetzt, eine Art (tempelähnliche) Pilasterkonstruktion aufweist – bewußt, sagt Galimberti, sei hier eine »theatralische« Form angestrebt worden, sei doch ein Kamin selbst in der Epoche der Zentralheizung nur noch Zitat seiner ursprünglichen Funktion des Heizens und des Kochens.

Das Bemerkenswerte an all den Häusern von Bassi, Gherra und Galimberti ist die Tatsache, daß trotz ihrer spielerischen Zitierfreudigkeit, ihrem beinahe zärtlichen Umgang mit Details und Farben keineswegs ein Eindruck von Beliebigkeit entsteht; im Gegenteil weisen sie einen hohen Grad von plastischer Geschlossenheit, von Funktionalität auf. Es sind Miniaturen, aber sie haben an Klarheit deswegen nicht verloren.

Freilich: bleibt es, auch hier, wieder einmal beim Einfamilienhaus? Bei diesem wieder und wieder fast bis zur Anstößigkeit durchgekneteten Haupt-thema der neuen tessiner Architektur?

In Morbio Inferiore, im untern Mendrisiotto, bauen Bassi, Gherra, Galimberti im Augenblick zwei mal vier Reihenhäuser, 5-Zimmerhäuser mit der gewohnten Kostengünstigkeit dieses Teams: für je 315 000 Franken. Eine Dame, die hier Land besaß, konnte dazu überredet werden, die Bauherrschaft zu übernehmen – und die Bauvorschriften der Gemeinde las-sen diesen Haustyp zu. Das ist leider nicht selbstverständlich. Galimberti: »Man gibt in der Regel die Schuld daran, daß im Tessin auch in den letz-ten Jahren vor allem Einfamilienhäu-ser gebaut worden sind, den Architek-ten und sagt, sie hätten keine Alterna-

»Casa Del Curto« in Camorino, 1984–85. Unten: Ein Projekt des französischen Architek-ten Claude-Nicolas Ledoux (1736–1806)

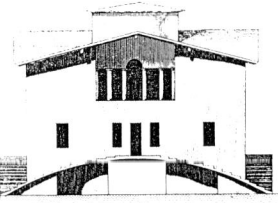

**Projekt für Reihenhäuser
in Morbio Inferiore, 1984**

tive für diesen Haustyp gefunden. Zum Teil ist das wahr, und überdies gehört das Einfamilienhaus in diesem Land zur Tradition. Als Alternative zum Einfamilienhaus hat man allenfalls diese häßlichen Blocks gebaut. Gibt es wirklich keine andere Alternative? In unseren Augen stellt das Reihenhaus eine solche dar. Und seit sieben, acht Jahren gewinnt es im Tessin auch an Beliebtheit. Vor zehn Jahren hätte man darüber gar nicht zu reden brauchen – das schien noch eine Sache aus einer andern Welt zu sein. Jetzt sieht man die Vorteile: die Landersparnis, das Zusammenwohnen, wobei jeder ein Haus für sich hat. Aber leider verhindern die ›piani regolatori‹ an vielen Orten diesen Bautyp. Dabei sind die alten Dorfzentren, vor allem im Mendrisiotto, nichts anderes als Serien von Reihenhausbauten. Aber in ihrer Umgebung verbietet die Gemeinde, die in ihrem Zentrum aus nichts anderem besteht, das Reihenhaus. Das ist absurd.«

Das Lied von den unangepaßten

Bauvorschriften – es durchzieht alle Gespräche über rezente Architektur im Tessin, und jeder Architekt hat seine eigene Strophe. Galimberti: »Man verfährt nach einer abstrakten Mathematik, nach einem errechneten Bedarf in Quadratmetern und färbt die Pläne nach reinen geometrischen Vorgaben ein. Man kann aber nicht einfach eine Wiese in der Mitte teilen ... In gewissen Gemeinden sind Ziegeldächer vorgeschrieben, möglichst die alten Coppi, aber mit einer Neigung, die man mit Coppi technisch gar nicht ausführen kann. Das bedeutet, daß man die Ziegel auf Eternit verlegen muß, und das wiederum ist keine korrekte Konstruktion und zieht einen Haufen Probleme nach sich. Das angepeilte lombardische oder piemontesische Dach ist gar nicht möglich ... Ein anderes Desaster sind die sogenannten R 2-Zonen, also die Vorschrift zweigeschossiger Häuser. Das hat keine Beziehung zur Umgebung, keine zur Geschichte. Und so eine Vorschrift nimmt überhaupt keine Rück-

**Projekt für ein Mehrfami-
lienhaus in Pregassona,
1985**

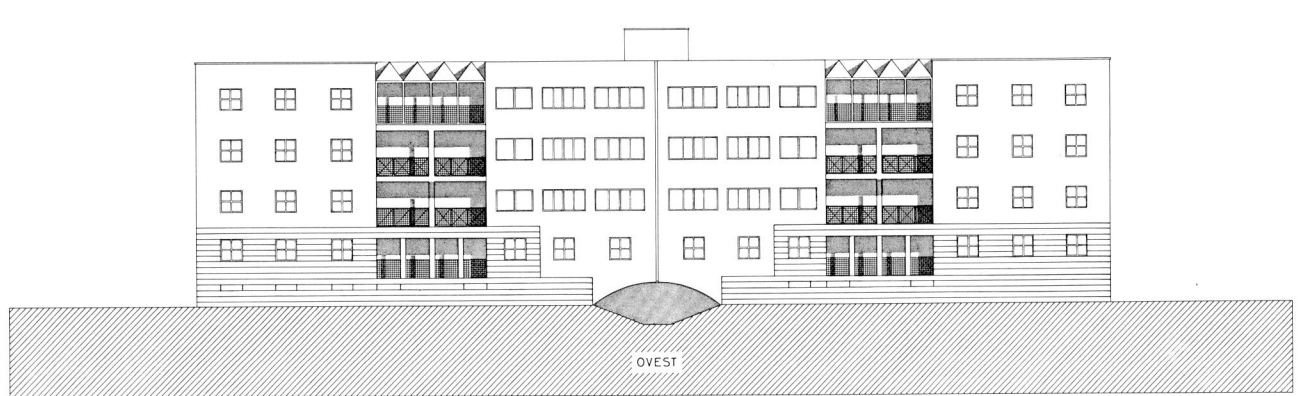

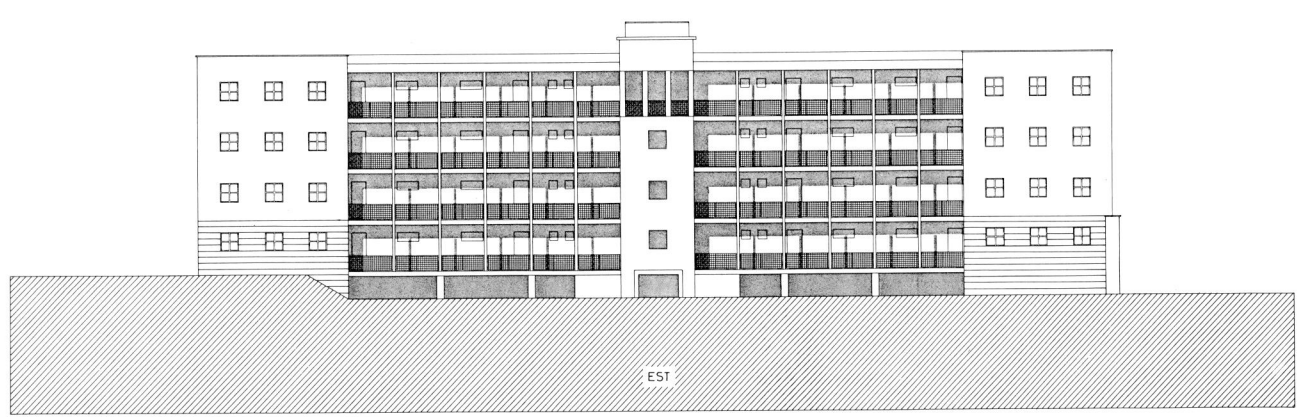

sicht aufs jeweilige Terrain. An Hang-
lagen ist eine solche Vorschrift voll-
ends absurd. Wir leben in einem ständigen Kampf mit den Bauvorschriften.
Bottas Häuser zum Beispiel: der macht
jedesmal einen Slalom durch die
Möglichkeiten des gerade noch Er-
laubten. Man müßte genauere Pläne
machen, Detailaufnahmen des Geländes, man müßte den Computer einsetzen. Dann käme man vielleicht auf
eine Bauordnung, die die Realitäten
respektiert.«

In Pregassona projektieren die
Drei ein Mehrfamilienhaus, mehr-
stöckig und ordentlich groß; »für den
Schulhausbau sind wir, da zu jung,
halt zu spät gekommen«, sagt Galimberti. Nun planen sie auf einem
Grundstück, das einem von ihnen gehört, einen Block, ja. Das Modell steht
auf dem Konferenztisch in Lugano-
Viganello. Ein axialsymmetrischer,
vierstöckiger Bau mit einer Mittelfuge
wie in Rossis Gallaratese, mit einem
flachen Bogen in der Mitte: »Sehen

Sie«, sagt G., »derselbe Bogen wie am Karl Marx-Hof in Wien.« In der Mitte eine Balkonzone mit geraden Stützen wie von Terragni. Fensterraster wie von Rossi. Laterale Balkone mit einem spitzen Minigiebel. An der Sockelbasis ein Streifenmuster wie an manchen alten Mendrisiottohäusern. An den Ecken Säulen mit dorischem Einschlag. Das Sensationelle ist, daß dieses vielfach komplizierte Gebäude eine Ganzheit ist, ein Wurf, geschlossen.

Diese drei sind definitiv auf dem Weg, über die Aneignung der Geschichte zu einer eigenständigen Gegenwart zu finden. Es gibt nicht viele, nein, ganz wenige Mehrfamilienhäuser im Tessin, die diese Allüre haben: raffinatezza – élégance.

Die Chance der Erben.

d. b.

**Thema Mehrfamilienhaus:
Mehrfamilienhaus von
Dolf Schnebli (oben links
und rechts); Reihenhaus
von Mario Campi und
Franco Pessina in
Lugano/Massagno (links
unten); neues Appart-
menthaus von Dolf
Schnebli bei Locarno
(rechts unten)**

Eine Zurechtsetzung

Die Moral und die Wirklichkeit

Ein Gespräch mit dem Historiker Virgilio Gilardoni. Gilardoni, geb. 1916, studierte Kunstgeschichte in Mailand und Paris und betreut – neben anderen Publikationen – die maßgebende Zeitschrift »Archivio Storico«, die seit Jahrzehnten das kulturelle Leben im Tessin dokumentiert und kritisch begleitet.

Frage: Wie tief in der Geschichte stecken die Wurzeln dessen, was heute als »neue tessiner Architektur« bezeichnet wird?

Gilardoni: Um das beurteilen zu können, müssen wir zuerst feststellen, ob es in dieser Beziehung überhaupt Wurzeln oder einen roten Faden gibt, der uns aus früheren Jahrhunderten bis in unsere Zeit führt. Wir müssen abklären, in welchem geographischen und historischen Raum wir uns befinden, welche Tatsachen und Ereignisse die Lebensweise – und damit auch die Bauweise – in diesen Landstrichen bestimmt haben.

Geographisch und historisch befinden wir uns in der römischen »Gallia cisalpina«, dem südlichen Alpenbogen, der von Ligurien über die Lombardei bis nach Venetien reicht. Das Tessin ist ein kleiner Teil davon und trägt seinen Namen nach dem Hauptfluß, der in den Lago Maggiore mündet und später durch Pavia hindurch in den Po fließt. Pavia hieß in der Antike *Ticinum*. Diese Gegend war, wie archäologische Funde belegen, schon in prähistorischen Zeiten ein wichtiges Durchgangsland für den transalpinen Verkehr und deshalb ein Gebiet von sich gegenseitig überlagernden Kulturen, bäuerlichen, militärischen und aristokratischen. Diese Verkehrslage ist auch der Grund dafür, daß es neben den rein ruralen Siedlungen immer auch Mischsiedlungen gegeben hat, die »borghi« – Ortschaften mit Wohnhäusern und Werkstätten von Handwerkern, rund um das Kastell, die Kirche und die Palazzi gruppiert.

Gab es in der Vergangenheit eine Bauweise, die einer Art »unité de doctrine« folgte, eine Epoche, in der man wußte: So baut man ein Haus und nicht anders?

Gilardoni: Die schönste und glücklichste Architekturform, die unsere Region gekannt hat, ist die Steinarchitektur – auch wenn es damals aus den vorher erwähnten Gründen schon komplexe Mischformen gab. Sie erlebte im 15. Jahrhundert ihren Höhepunkt. Ich nenne dieses Jahrhundert »unsere große Steinzeit«, und wir kennen aus dieser Zeit einige schöne Beispiele der Steinarchitektur. Wenn ich »Steinzeit« sage, denke ich nicht nur an das Material, denn man verwendete dabei auch Holz – je näher man den Alpen kam, desto mehr. Ich nenne sie wegen der formalen Aspekte so. Diese Häuser, ob es sich nun um rustikale Einfamilienhäuser oder um aristokratische Häuser mit mehr Räumlichkeiten handelte, waren für die Ewigkeit gebaut und wurden dadurch zum Monument. Auf das Minimum reduziert, war

es die »Cà da fögh« – das Haus mit der Feuerstelle. In seinen primitivsten Formen bestand es aus einem einzigen Raum mit der Feuerstelle in der Mitte und wenigen Löchern über der Türe, damit der Rauch abziehen konnte. In diesen Häusern wurde man »geräuchert«, was eine unbeabsichtigte, aber wirksame hygienische Maßnahme gegen viele Seuchen war.

Wie wurden solche Häuser gebaut?

Gilardoni: Wir haben keine schriftlichen Dokumente darüber, weil die Bauweise normal und alltäglich war, von natürlichen Gesetzen, Erfahrungen und Überlieferungen diktiert, die es unnötig machten, solche Dinge schriftlich – zum Beispiel in Form von Bauvorschriften – festzuhalten. Aber wir brauchen die Häuser nur anzuschauen, um zu begreifen, was geschah: Wenn wir die langen und unendlich schweren Architrave betrachten oder die gewaltigen Granitblöcke, die da angeschleppt wurden, dann sieht man sofort, daß ein solches Haus nur das Produkt von kollektiven Anstrengungen gewesen sein kann. Wer sich ein Haus bauen wollte, war auf die Hilfe der Gemeinschaft angewiesen, die ebenso selbstverständlich gewährt wurde, wie der Erbauer selbst seine Kraft zur Verfügung stellte, wenn ein anderer baute.

So entstanden die Siedlungen des mittelalterlichen Typus mit ihrem Festungscharakter. Alle rückten eng zusammen zur Verteidigung. Schmale Gassen, kastellartige Gebäude mit wenigen Fenstern, meist mit schweren Eisengittern versehen bis in den zweiten Stock hinauf, wie Gefängnisse. Man hatte Angst – vor Briganten und militärischen Übergriffen. Die Geschlossenheit und Harmonie, die wir heute an solchen Siedlungen beobachten, ist auf diese kollektiven Faktoren zurückzuführen: gleiche Lebensbedingungen, gleiches Baumaterial, gleiche Interessen.

Typisches Beispiel urbanistischer Art für diese mittelalterlichen Festungsdörfer ist Indemini im Gambarogno, das über lange Zeit im Winter nur von Italien aus erreichbar war. Die engen Gassen des Dorfes münden in eine überdachte Unterführung, die früher als Raum für die Volksversammlungen diente. Die rustikalen Häuser, wie sie für diese Siedlungen typisch sind, waren in der Regel auf zwei Ebenen, den Höhenkurven entsprechend, angeordnet. Der Eingang zum Erdgeschoß befand sich auf der Vorderseite des Hauses zu ebener Erde, der Eingang zum zweiten Stock hingegen auf der hinteren Seite, ebenfalls ebenerdig, aber am Hang auf der Höhe der zweiten Kurve. Enge, vertikal angeordnete Gäßchen verbanden die horizontal angelegten Gassen, die den Höhenkurven folgten.

Die Kirche stand in der Regel außerhalb des Dorfes, neben dem Friedhof, in Panoramalage und ungefähr gleich weit entfernt von drei, vier Weilern, die zusammen eine Gemeinde, beziehungsweise Kirchgemeinde bildeten.

Wann ging diese »Steinzeit« zu Ende und unter welchen Umständen?

Gilardoni: Überlebt haben diese Häuser bis ins 19. Jahrhundert und in Einzelfällen bis heute. Aber die Wende begann bereits im 16. Jahrhundert, als heimgekehrte Emigranten neue Modelle, meist aus der Lombardei, der Toskana und dem Piemont mitbrachten; Loggien, Arkaden, Stilelemente aus der bürgerlich-städtischen Kultur Italiens, die ursprünglich mit dem Tessin, beziehungsweise diesen Landstrichen am Südhang der Alpen, nichts zu tun hatten.

Es waren in der Regel die lebendigsten und lebenstüchtigsten Leute, die emigrierten. Aus Emigrantenlisten des 16. Jahrhunderts wissen wir zum Beispiel, daß die von Ascona nach Rom auswanderten, jene von Brissago nach Viterbo in der Toscana. Die von ihnen importierten Stilelemente führten nun zu einer starken Durchmischung. Als die Eidgenossen im 16. Jahrhundert weite Teile des heutigen Tessins besetzten, war diese Durchmischung schon voll im Gang; die architektonische Landschaft wurde immer vielfältiger. Wir finden nun die Palazzi der Aristokratie, die »Palazzetti« der arrivierten Emigranten (zum Beispiel die Casa Serodine in Ascona), immer noch die rustikalen Häuser des alten Steinzeit-Typus, aber auch schon weiterentwickelte Formen davon, von Rückkehrern gebaut, mit Hof und Arkaden; dann auch einfache Handwerkerhäuser mit der Werkstatt im Erdgeschoß. Jedenfalls gibt es kein typisches Modell, keine »casa monumento« mehr.

Gibt es nun in der neuen tessiner Architektur Wurzeln, die bis in diese verflossenen Zeiten zurückreichen?

Gilardoni: Die Kunst der mittelalterlichen Baumeister, der »magistri comacini«, der großen Luganesen Maderna und Borromini – diese Kunst mag zum Beispiel einen Mario Botta kunsthistorisch genährt haben. Aber mit dem Tessin – dem, was wir heute darunter verstehen – hat das nichts zu tun. Den Borromini auf der Schweizer Hunderternote als Schweizer und Tessiner darzustellen, ist eine nationalistische Geschichtsfälschung. Bis ins 19. Jahrhundert, von der Romantik bis zum Barock, gab es – von der »Steinzeit« einmal abgesehen – keine Tessiner Architektur, sondern allenfalls eine prealpine, lombardische. Ob man sie nun als comaskisch, luganesisch oder bellinzonesisch oder wie immer definiert, sie war Ausdruck lombardischer Kunst. Und die Kunst sowohl Madernas wie Borrominis ist ohne Rom nicht zu denken, genauso wenig wie die Kunst Giacomettis ohne Paris. Nur die offizielle Geschichtsklitterung beansprucht sie alle als Schweizer – Borromini, Giacometti, Le Corbusier und sogar den »Berner« Paul Klee, der aus Gram darüber gestorben ist, daß man ihm als Sohn eines Deutschen und einer Schweizerin die Schweizer Nationalität verweigert hat . . .

Von welchem Zeitpunkt an kann man von einer tessiner Baukunst sprechen?

Gilardoni: Die große Epoche der tessiner Architekten ist in Wirklichkeit das 19. Jahrhundert, als nach der Ankunft der französischen Truppen in Italien und den Bewegungen der »Freiheitsbäume« die politische Unabhängigkeit angestrebt wurde. Zwischen 1798 und 1803 entstand das, was als Kanton Tessin bezeichnet wird, damals getragen vom Stolz, kulturell italienisch und politisch schweizerisch zu sein. Das 19. Jahrhundert war die lebendigste Epoche der Geschichte dieses Landstrichs.

Neben den großen Politikern wie Dalberti, Franscini, Battaglin, Lurati, Respighi und anderen, die nicht nur Politiker, sondern eben auch Kulturträger – »uomini di cultura« – waren, lebten und wirkten zahlreiche Tessiner in ganz Europa – die allerdings nördlich des Gotthards kaum zur Kenntnis genommen wurden. Neben Künstlern wie Vela, Ciseri, Ferragutti-Visconti, Rossi und Franzoni gab es auch zahlreiche Architekten von internationalem Ruf. Adami, Rusca und Rossi bauten in Petersburg, Gilardi und Pelli in Moskau, Nobile in Wien, Triest und Krakau, Cantoni, Canonica und Albertolli in Mailand, Bianchi in Neapel, Frizzi in Turin, Fossati zuerst in Ruß-

land und dann in Konstantinopel. Diese Tessiner Neoklassiker haben eine Tradition reformiert, die bis zum Beginn des 20. Jahrhunderts andauerte, im Guten wie im Schlechten, das heißt auch in den Imitationen, die angesichts der neuen Bautechniken nicht mehr gerechtfertigt waren.

Die Restaurierung von Bauwerken aus dem 19. Jahrhundert war in unseren 50er Jahren für zahlreiche damals junge tessiner Architekten eine Art praktisches Polytechnikum; und gleichzeitig eine Lektion über die »Italianità« und »Lombardità« unserer Architektur – jedenfalls für jene, die sensibel genug waren, den historischen und kulturellen Hintergrund zu spüren.

Und wann und warum ging diese Blütezeit zu Ende?

Gilardoni: Das 19. Jahrhundert war im Tessin ein Jahrhundert der großen politischen und moralischen Spannungen. Lugano in erster Linie, aber auch Locarno und Bellinzona, waren eigentliche europäische Inseln der Freiheit und des kulturellen Schaffens. Die tessiner Intelligentia hatte in dieser Zeit eine italienische und gesamteuropäische Dimension. Die progressiv-avantgardistische tessiner Kultur nährte sich aus dem Gedankengut und den kulturellen und politischen Forderungen der berühmten politischen Flüchtlinge, die hier Aufnahme und Unterstützung fanden – Mazzini, Cattaneo, Bakunin, Reclus und der italienischen Sozialisten von 1898. Dieses große 19. Jahrhundert dauerte bis in die 20er Jahre des 20. Jahrhunderts, bis zum Tod von Emilio Motta und Carlo Salvioni sowie jener Künstler und Denker, die ihre Freunde waren. Das letzte Aufflackern dieser europäischen »apertura« des Tessins ist während des Zweiten Weltkriegs zu beobachten, als einige Antifaschisten

im Tessin Schutz finden. Diese Flüchtlinge kehren am Ende des Krieges in
ihre Heimat zurück, und im Tessin
kommt es zur Involution, die parallel
mit dem Wirtschaftswunder verläuft.
Das Tessin entwickelt sich nun suk-
zessive zu einem großen Markt und zur
Fluchtburg für ausländisches Kapital,
zuerst aus Deutschland, dann aus Italien, schließlich aus der ganzen Welt –
es wird zum sogenannten »Steuerpa-
radies« und es kommen die »falschen
Freunde«.

*Wie äußert sich diese Involution
in der Architektur?*

Gilardoni: In den 20er und 30er
Jahren erlebt das Tessin eine schwere
kulturelle Krise, deren Ausdrucksfor-
men bisher lediglich in historischer
und archäologischer Hinsicht studiert
wurden und in einigen Publikationen
des »Archivio Storico« festgehalten
sind. Es sind die Jahre des Faschismus
und der faschistisch geprägten kulturellen Penetration aus Italien. Jahre
des Unbehagens auch bei der Verteidigung der Italianität des Tessins;
Jahre der politischen Erklärungen und
Deklamationen über den Helvetismus,
die schließlich in eine übersteigerte lokale und provinzielle Autarkie münden. In kulturellen Fragen dominieren
die »praktischen Interessen« und die
»nationale Frage«. In der Architektur
floriert ein unkritischer Vergangen-
heitskult; es werden Modelle von sogenannten »typischen tessiner Häusern« publiziert, man pflegt eine klein-
karierte Ethnographie über sogenannte »traditionelle Häuser«, bar jeglicher historischer oder soziologischer
Analyse.

Was dieser Provinzialismus an-
richtet, läßt sich beispielsweise am Fall
des Architekten Mario Chiattone beobachten. Chiattone, ein Studien-
freund des bedeutenden Futuristen
Antonio Sant'Elia und der anderen

Mailänder Futuristen, ist Autor von
zahlreichen interessanten futuristi-
schen Entwürfen, die heute in Pisa
aufbewahrt werden. Nach Lugano zurückgekehrt, ist es vorbei mit seinem
Futurismus. Chiattoni verbürgerlicht
zusehends, baut den Herrschaften ihre
Villen; sein »mercato coperto« in Mendrisio aus dem Jahr 1945 zeugt immerhin davon, daß er handwerklich
korrekt und von guter Qualität baute.
Aber das Ambiente hier hat ihm den
Futurismus gründlich ausgetrieben.

*Aber da geschahen doch, vor al-
lem in Ascona, auch architektonisch
einige interessante Dinge?*

Gilardoni: Stimmt. Bereits Ende
der 20er Jahre entstanden in Ascona
einige Bauten, die vom europäischen
Rationalismus inspiriert waren – nur
wurden sie nicht von Tessiner Architekten entworfen. Fahrenkamp baute
das Hotel »Monte Verità«, Weiden-
meyer das Teatro S. Materno,
Schmuklerski die »Casa Bellaria« sowie zwischen 1929 und 1933 einige
interessante Häuser in Ronco sopra
Ascona. Diese Häuser forderten den
lauten Protest der Verteidiger des
»Heimatstil« heraus, aber – und das
sind erste Anzeichen eines Wandels –
auch die Anerkennung durch einige
tessiner Architekten. 1934 erscheint
Kellers »Ascona-Baubuch«, gestaltet
von Max Bill, das einen Vorschlag dar-
stellt, wie moderne europäische Architektur in die tessiner Landschaft integriert werden kann.

*Nur zwei Jahre später aber wurde
doch bereits der Wettbewerb für die
Biblioteca Cantonale ausgeschrieben.
War das ein Durchbruch?*

Gilardoni: Das ist tatsächlich ein
wichtiges Datum, kein Durchbruch
zwar, aber ein erstes Zeichen dafür,
daß sich eine Änderung anbahnt. In-
teressant auch deshalb, weil – abgesehen von Rino Tami, der den ersten

Preis erhielt und gebaut hat – zwei der bedeutendsten Architekten des italienischen Rationalismus, Terragni und Lingeri, eingeladen waren. Giuseppe Terragni, der in Como mit der »Casa del Fascio« eines der schönsten Beispiele rationaler Architektur gebaut hat (heute heißt es »Casa del Popolo«), entwarf auch für die Biblioteca Cantonale in Lugano ein hochinteressantes Projekt. Terragni war Faschist, gehörte aber innerhalb des Faschismus zu einer starken, zuerst unfaschistischen und schließlich militant antifaschistischen Strömung. Unter den italienischen Rationalisten war er zweifellos der genialste und am wenigsten an Formeln gebundene. Er sah die Architektur im Sinne des »Bauhaus« als Möglichkeit, die Welt zu verändern, eine gerechtere Gesellschaft für ein glücklicheres Leben aufzubauen.

Aber dieser »Zwischenfall« der Biblioteca Cantonale ändert nichts daran, daß bis in die 50er und 60er Jahre sämtliche neuen Ansätze auf heftigen Widerstand jener Leute stießen, die ich als Vertreter der »Ministerialkultur« bezeichne. Ich denke an den Schriftsteller Francesco Chiesa, aber auch an andere »Identitätsverteidiger« literarischer Provenienz, Nostalgiker, die nicht verkraften konnten, daß im Parco Ciani mit der Biblioteca ein modernes Gebäude entstehen sollte. Er und seinesgleichen entfesselten ein großes Kesseltreiben gegen die Biblioteca – erfolglos glücklicherweise.

Nach dem Zweiten Weltkrieg begann dann das, was man heute mit »Ausverkauf der Heimat« bezeichnet, und damit auch die Zersiedelung der Landschaft.

Gilardoni: Der »Ausverkauf« und die Zersiedelung sind keine spezifischen tessiner Phänomene. Das ist ein Krebsgeschwür, das ganz Europa betrifft, Folge der Industrialisierung im Kapitalismus. In der Toskana gibt es nur deshalb noch einige unzerstörte oder wenig zestörte Regionen, weil die Toscana größer ist. Hier ist alles schlimmer, weil sich das Phänomen auf kleinstem Raum abspielt und erst noch unter besonderen ökonomischen und geographischen Umständen. So wie der Handelsweg über den Gotthard dazu geführt hat, daß hier einige bedeutende romanische und barocke Kirchen entstehen konnten, so ist er dafür verantwortlich, daß unmittelbar nach dem Zweiten Weltkrieg das Tessin von den Deutschschweizern »entdeckt« wurde. Bereits nach der Eröffnung des Gotthard-Eisenbahntunnels (1882) wurde der schreckliche Begriff der »Sonnenstube der Schweiz« geprägt.

Die Söhne der Bauern begannen, ihren kargen, aber schön gelegenen Boden an die Deutschschweizer zu verkaufen, kauften sich ein prächtiges Motorrad und zogen in die Stadt. Am Schluß hatten ihre betagten Väter keinen Boden und auch keine Söhne mehr, weil sich diese mit dem Motorrad den Kopf eingerannt hatten.

Für die Deutschschweizer andererseits war das Tessin ideal: angenehmes Klima, Erholungslandschaft und das alles auf Schweizer Territorium. Mit dem Wachstum der touristischen Population sind auch die großen deutschschweizer Firmen ins Tessin gekommen, die »Multikantonalen«, um ihrerseits die Früchte dieses Wachstums zu ernten. Viele brachten gleich ihre eigenen Architekten mit. Es entstanden Hotels, Warenhäuser, Motels, Versicherungen, Campings, Renditen- und Ferienhäuschen. Es wurde eine allgemeine »polytechnisch-kosmopolitische« Handwerkerarchitektur eingeführt, das, was wir als »Zementinvasion« bezeichnen, ein Stil des »üblich Modernen«, beziehungsweise des modernen Kitsch. Ganz im Gegensatz zu jenen deutschen und holländischen Architekten, die in Ascona das Glück hatten, Häuser nach menschlichem Maß für ein »glückliches Leben« zu bauen; für reiche Pensionierte, Künstler, Großindustrielle und Bankiers im Ruhestand, für Leute, die die Natur auf andere Weise betrachteten als der Bauer, der Angestellte und Handwerker.

Sind mit diesen deutschschweizer Architekten nicht auch einige neue Ideen ins Tessin gekommen?

Gilardoni: Wir müssen unterscheiden. Mit dem, was ich allgemein als »Zürcher Architekturformel« bezeichne, definiere ich den falschen Modernismus, der nicht in der Lage ist, sich ins Ambiente, die Traditionen und die Denkweise in dieser Landschaft zu integrieren. Ich meine damit die banale Nicht-Architektur – nicht die Ausnahmen, die es zweifellos gab.

Vom Tourismus leben zu müssen, ist meines Erachtens das größte Unglück, das einem Land widerfahren kann. Die kleinen tessiner Kapitalisten sahen im Tourismus von Anfang an die einzige Industrie, die den Sprung vom armen Tessin in ein modernes Tessin ermöglichte. In Wirklichkeit war es aber nur der einfachste Weg, und die Schönheit der Landschaft war das billigste Rohmateriel, aus dem sich schnell Kapital schlagen ließ. Der Bau der Autobahn hat nun das Phänomen noch akzentuiert, aber es bringt nichts, darüber zu klagen oder Schuld zu verteilen. Die Architektur ändert sich immer dann, wenn sich die Lebensweise der Menschen ändert. Das Heer von Touristen, die am Wochenende und im Sommer das Tessin heimsuchen, die Leute aus dem Norden, die sich hier Zweitwohnungen beschaffen, die haben eben andere Bedürfnisse als die Ansässigen. Die brauchen keinen Hof und keine Loggia, um Tabak oder Mais aufzuhängen, sondern eine Gartenterrasse, auf der sie an der Sonne braten können. Sie brauchen keine Häuser, in denen sie sich das ganze Leben organisieren müssen, sondern Häuser für die Freizeit. Die alten tessiner Häuser sind ja dreistöckig, weil das ökonomisch war. Wenn einer von 2000 Quadratmetern Bodenfläche nur 300 m², aber auf drei Stockwerken bebaute, dann hatte er 900 m² Wohnfläche sowie 1700 m² Boden zur weiteren Verfügung und konnte erst noch ein kleineres und billigeres Dach bauen. Die Touristen haben die mediterrane Strandarchitektur ins Tessin gebracht, und die Tessiner des tertiären Sektors mit der gleichen Lebensweise machen sie ihnen nach. Man kann nicht sagen, das sei schlecht, es ist einfach ein anderes Leben.

In jüngster Zeit wird wieder vermehrt von der Identität und Italianität der Tessiner geredet. Es werden Millionen locker gemacht, um diese Identität zu bewahren. Was bedeutet das für die Kulturarbeit – und damit auch für die Architektur – im Tessin?

Gilardoni: In diesem Zusammenhang wird auch oft die ethnische Reinheit beschworen. Das ist ausgemachter Schwindel. Schon im 11. Jahrhundert hatten Teutonen im Locarnese große Besitztümer, und das muß auch einmal gesagt sein: wichtige Teile unserer italienischen Kultur sind erforscht, beschrieben und gerettet worden dank Beiträgen deutscher Kulturträger. Auch Hermann Hesse, in engem Kontakt mit dem Volk und der Natur, hat im Tessin Dinge – zum Beispiel über Griechenland – geschrieben, die hier verwurzelt sind. Er hatte das Glück, nicht mit den tessiner Intellektuellen jener Zeit in Kontakt zu kommen!

Wenn ich die großen Worte über die Identität höre, die heute bei jeder Gelegenheit und Nichtgelegenheit gemacht werden, sehe ich rot. Nur ein Beispiel: Im Herbst 1983 hat die tessiner Kommisison für Natur- und Heimatschutz (Commissione Bellezze Naturali) ihr 75jähriges Bestehen gefeiert. Als Hauptreferent wurde der Präsident der italienischen Schwestergesellschaft »Italia nostra« eingeladen, der eine gewaltige Philippika über das »zermalmte«, wie er sich ausdrückte, und vom Wirtschaftswunder ruinierte Italien lieferte und auch kräftig applaudiert wurde. Kein einziger jener kritischen Tessiner, die während Jahren für die Verteidigung der Umwelt und Kultur des Tessins gekämpft haben, wurde eingeladen oder auch nur erwähnt. Das ist die Art und Weise, wie im Tessin von Staats wegen die kulturellen Belange von gestern (1920 bis 1960) und von heute (1960 bis 1985) behandelt werden. In Bezug auf die eigenen Sünden wird ein unkritisches Schweigen gefördert, um umso heftiger jene zu beklatschen, die die Umwelt- und Kulturzerstörung in den Nachbarländern beklagen.

Und die Folgen dieser Mentalität?

Gilardoni: In den 50er und 60er Jahren wurden gewaltige und unheilbare Wunden in die Landschaft, die Städte und Dörfer geschlagen. Ganze Quartiere wurden abgerissen, ganze Dorfzentren zerstört. Das Tessin wurde buchstäblich mit Zement und Asphalt vollgepflastert, mit tausenden von neuen Gebäuden, meist utilitaristischen Charakters, funktional nur als Spekulationsobjekte. Es sind dies die Jahre der eigentlichen urbanistischen Verwilderung des Tessins.

Welche Rolle hat der Staat dabei gespielt?

Gilardoni: Unter den heutigen politischen und wirtschaftlichen Umständen kann man dem Staat nicht viel mehr als eine oberflächliche und generelle Beziehung zu den Problemen des Bauens abverlangen. Als dieser Staat mit Natur- und Heimatschutzkommissionen eine Kontrollfunktion übernehmen wollte, spielte er eine schändliche Rolle, indem er jene Architektur unterdrückte, die einen modernen und intelligenten Eingriff in die Landschaft wollte. Die Kulturträger in diesen Kommissionen urteilten noch in den fünfziger Jahren nach romantischen und nostalgischen Kriterien. Als Franco Ponti in jenen Jahren seine wrightianischen Konstruktionen baute, war das für diese Leute ein »Skandal«.

Sie vergaßen und vergessen, daß das, was wir bewohnen, eine »künstliche Heimat« ist, von Fall zu Fall im Verlauf der Jahrhunderte nach den Kriterien des historischen Moments erdacht, unter großen Mühen gebaut und verwaltet. Heute diese »künstliche Heimat« nach heutigen Kriterien zu bauen, ist bedeutend schwieriger, weil es viele divergierende Interessenlagen gibt.

Es gab Ende der 50er, anfangs der 60er Jahre eine kurze glückliche Phase, die leider auf tragische Weise endete. In diesen Jahren waren zwei junge, progressive Liberale in die Regierung gewählt worden, Franco Zorzi und Plinio Cioccari. Sie legten ein eigentliches Sanierungsprogramm vor mit einem Baugesetz (legge urbanistica), das der allgemeinen Verwilderung hätte Einhalt gebieten sollen. Zorzi, von der eigenen Partei angegriffen, kam bei einem Bergunfall ums Leben, sein Kollege Cioccari ist kurz darauf zurückgetreten. Die »legge urbanistica« wurde von den gleichen Parteien, die sie im Parlament akzeptiert hatten, sabotiert, und das Volk hat das fortschrittliche Gesetz, das die Bauspekulation eingedämmt hätte, abgelehnt. Immerhin ist in diesen Jahren Luigi Snozzi in die »Commissione Bellezze Naturali« gewählt worden, was für die jungen Architekten, die nun kamen, ein großes Glück war.

Und trotz allem sind gerade in diesen Jahren der Verwilderung die ersten der heute weitherum gefeierten tessiner Architekten zum Zug gekommen. Was hat sich da abgespielt?

Gilardoni: In den 50er Jahren geschahen eben viele verschiedene Dinge gleichzeitig. Da waren einmal die ersten damals jungen Architekten, die – frisch diplomiert – ihre Studios eröffneten. Peppo Brivio 1947, Franco Ponti 1948, Tita Carloni 1954, Luigi Snozzi und Livio Vacchini 1958, Aurelio Galfetti 1960. Ich nenne sie die »Universitätsgeneration«, Intellektuelle, die – meist an der ETH in Zürich – ihre Erfahrungen mit einer lebendigen, nicht mehr provinziellen Welt gemacht hatten. Sie waren einer europäischen Optik offen, interessiert an den Problemen des Wiederaufbaus nach der Tragödie des Krieges, und mit einer lokalen Optik begabt für eine kulturelle und politische Erneuerung ihrer engeren Heimat.

Zu dieser Universitätsgeneration gehörten auch Schriftsteller, Denker, Künstler und Berufsleute, aber die eigentliche mitreißend-avantgardistische Rolle spielten hier die Architekten. Sie hatten den Vorteil, eine Kunst auszuüben, die in diesen Jahren zahlreiche Botschaften für eine strukturelle Veränderung der Gesellschaft aussandte.

In diese frühen Jahre fallen – nach der Zäsur durch die Kriegszeit – einige wichtige kulturelle Ereignisse. Am Filmfestival von Locarno werden die neorealistischen Filme aus Italien gezeigt. Man diskutiert über die Architektur von Le Corbusier, Frank Lloyd Wright (Ausstellung 1951 in Zürich); es folgt eine bedeutende Picasso-Ausstellung (1953) in Mailand. Die wichtige italienische Architekturzeitschrift »Casabella«, die den Faschismus überlebt hat, präsentiert das Œuvre der italienischen Rationalisten, Bruno Zevi schreibt sein Buch über die Geschichte der Architektur und Urbanistik. Auch auf lokaler Ebene wird mit einer kritischen Ausstellung über Volkskunst und Brauchtum im Tessin der Zeit der Puls gemessen, alles Dinge, die diese Universitätsgeneration gierig in sich aufgenommen, stark beeinflußt und motiviert haben.

Die kurze Phase der »neuen Politik« unter Zorzi und Cioccari hat genügt, um einigen dieser Jungen Freiräume zu verschaffen. Galfetti baut die Casa Rotalinti in Bellinzona, später das Bagno Pubblico, Carloni wird Verantwortlicher für den Sektor »Art de vivre« an der EXPO in Lausanne und befaßt sich mit dem geplanten Museum für Volkskunst und Brauchtum in den Kastellen von Bellinzona, Rino Tami wird – von Zorzi – zum ästhetischen Konsulenten für den Bau der Autobahnen ernannt, und die kleine Schar der jungen, progressiven Architekten wächst an: Reichlin, Reinhart und Botta stoßen dazu. Die Bautätigkeit erreicht Höchstquoten, der Kanton Tessin selbst investiert später 600 Millionen Franken in Schulneubauten.

Der Ideenreichtum und die Lebendigkeit dieser Architekten verblüfft auch ausländische Beobachter. 1975 organisiert Martin Steinmann an der ETH die Ausstellung »Tendenzen – neuere Architektur im Tessin«, die dann auf Wanderschaft geht und auch im Ausland einige Arbeiten von tessiner Architekten als Spitzenprodukte lanciert.

Läßt sich der architektonische Gehalt dieser »neuen tessiner Architektur« auf irgendeine Art definieren?

Gilardoni: Nein, denn eine neue tessiner Architektur oder gar eine tessiner Architekturschule im herkömmlichen Sinn gibt es nicht. Erstens gibt es sie nicht als Problem, weil das Habitat ein generelles Problem ist, das verschiedene Antworten verlangt, zweitens gibt es sie nicht als Antwort auf die Probleme, weil diese kleine Gruppe von Architekten keine gemeinsame, generelle Antwort gibt. Was hingegen existiert, sind einige gute und sehr gute Architekten aus drei Generationen, ältere, mittelalterliche und junge, die unter bestimmten lokalen und kantonalen Umständen einige vorzügliche Werke im eigenen Kanton schaffen konnten; wenig nur in der übrigen Schweiz, etwas mehr hingegen im Ausland, in Deutschland, Frankreich und Italien und heute – auf Einladung – auch in Japan und in den USA.

Man darf aber nicht vergessen: Die wichtigen Bauten sind im Tessin nach wie vor eine verschwindende Minderheit, denn in den gleichen Jahren, in denen sie entstanden, wurde auch wild drauflosgebaut nach banalsten kommerziellen Kriterien. In der Architektur ist es gekommen wie in den andern Künsten auch. Die wirkliche Avantgarde besteht aus wenigen Namen. Mit dem Ableben des einen oder andern tendiert die kleine Gruppe von Persönlichkeiten dazu, noch kleiner zu werden. Daran ändert die Tatsache nichts, daß es heute zu Plagiaten kommt, daß man Ideen von Snozzi, Carloni, Botta und einigen andern kopiert. Man kopiert die äußere Form und vergißt den Inhalt dieser originalen und nicht wiederholbaren Werke, die »moralische Spannung« aus der heraus sie entstanden sind.

Welchen Stellenwert hat die Stadt und die Urbanistik im architektonischen Konzept dieser Architekten?

Gilardoni: Es existiert heute kein starkes Bild, keine starke Idee der Stadt. Wir leben im Tessin in einem Moment kantonaler Passivität sowohl kultureller wie politischer Natur; eine eigentliche Zeit der Armut, was die kritische und »moralische« Intelligenz betrifft. Wir sind Opfer des Krebsgeschwürs aus Zement, das die antiken Beziehungen und Verhältnisse zwischen Stadt (Ortschaft) und Peripherie zerstört hat. Das ist eine fatale Folge der wirtschaftlichen Entwicklung, die praktisch den ganzen Primärsektor zerstört und den Dienstleistungssektor ungeheuer aufgeblasen hat.

Trotzdem waren und sind einige der interessantesten tessiner Architekten – ich denke an Snozzi und Botta – sehr stark an der Stadt orientiert und haben an zahlreichen Projektwettbewerben urbanistischer Art teilgenommen. Sowohl Botta, der in Venedig studiert und zahlreiche Kollegen in der Heimat mitgerissen hat, wie Snozzi, entwarfen auf einer Art »Bauplatz der Imagination« mehrere grandiose Projekte, von denen aber kaum eines realisiert wurde. Inzwischen befaßte sich Botta vorwiegend mit dem Einfamilienhaus als einer Art »Heiligtum« (im laizistischen Sinn) für jene Menschen, die im Haus Schutz, Komfort und Anregung suchen. Botta hinterfragt dabei auch die atavistische Erinnerung der Orte und des Bauhandwerks. Ihm ist es gelungen, die Grammatik der modernen Bewegung von Le Corbusier bis Louis Kahn zu einer cisalpinen Architektur zu kondensieren, die sehr stark mit antiken und lokalen Inspirationen durchsetzt ist. Er hat einen hochmodernen Bezug zwischen Haus und natürlicher Umgebung gefunden.

Welches sind die Gründe für diese Architekturblüte, warum kommt es gerade in der Architektur zu außerordentlichen Leistungen und nicht in andern kulturellen Bereichen?

Gilardoni: Das sind vor allem wirtschaftliche Gründe. Die Invasion erst aus dem Norden, dann aus dem Süden – Fluchtgelder – und das Florieren der Banken hat großen Einfluß auf die ganze Entwicklung des Tessins, nicht zuletzt im Bausektor. Wer mit den Banken seinen Frieden schließt, kann bauen. Und wenn alle bauen, dann hat es auch Platz für einige gute Architekten. Die Tatsache, daß in den letzten zwanzig Jahren Kultur hier vor allem in der Architektur manifest wurde, hat damit zu tun, daß es in der Architektur auch leichter ist als auf andern kulturellen Gebieten. Wenn der Architekt auf einen etwas offenen Bauherrn trifft, dann ist für ihn das Problem schon erledigt. Dann baut er. Er muß sich nicht mit der ganzen Gesellschaft und den politischen Machthabern konfrontieren. Auch eine Bank will heute modern sein, wenn sie neu baut. Da sitzen Leute an den Schalthebeln, die die Welt gesehen haben. Die Zeit der lächerlichen »Heimatstil«-Bauten ist vorbei. Die einzigen Großunternehmer, die in unserem Land noch dummes Zeug bauen, sind die SBB und die PTT mit ihren Vertrauensarchitekten. Wenn man bedenkt, daß die Bundesbahnen architektonisch einmal zur Avantgarde gehörten . . .

Andererseits aber ist es klar, daß unseren Architekten die Anerkennung aus dem Ausland viel geholfen hat. Ohne diese weltweite Publizität in allen möglichen und unmöglichen Architekturzeitschriften hätten auch sie – wie andere Kulturschaffende – ein verzweifelt schweres Leben.

Damit ist aber der weltweite Erfolg einzelner dieser Architekten noch nicht erklärt. Was haben sie anderes und besseres zu bieten als andere?

Gilardoni: Ich sehe die Gründe für diesen Erfolg – einmal abgesehen vom persönlichen Talent, das zum Beispiel ein Mario Botta in hohem Maße hat – im generellen Unbehagen der Welt als Folge des Zusammenbruchs der Ambitionen der rationalistischen Architektur der Moderne. Mit dieser neuen Art von Architektur holt sich der kleine Mann die Illusion, daß sein Bedürfnis nach Glück befriedigt ist. Er gehört damit zur Welt. Botta baut Häuser für den Weltmann, einen, der möglicherweise an der Peripherie von Mendrisio wohnt, der aber ebenso gut an der Peripherie von New York wohnen könnte. Es sind Antworten auf die kleinbürgerliche Realität, denn die großen Hoffnungen sind verschwunden.

Es ist richtig, einige schöne Dinge zu unterstreichen, die hier gebaut wurden, aber es wäre falsch, das Phänomen dieser wenigen avantgardistischen Tessiner Architekten zu isolieren, einen Mythos daraus zu machen. Das Phänomen ist nicht hier geboren worden, es hat lediglich hier einen besonderen Ausdruck gefunden.

Das Ganze sehe ich als Versuch, die Bauweise zu humanisieren, für das Glück des einzelnen Menschen zu bauen und dabei nicht nur den technischen Komfort, sondern auch gewisse spirituelle Faktoren zu berücksichtigen. Das Phänomen ist international. Der »Weltmann« kommt hierher und sieht sich diese Häuser an, weil er feststellt, daß es sich um Vorschläge zur Befriedigung seiner Ansprüche handelt. Er will ein Gebäude als Schutz, aber auch als geistigen Genuß. Botta hat mit seinen Gebäuden vor allem bei jenen Leuten Erfolg, die in den am schrecklichsten industrialisierten Ländern wohnen. Seine Einfamilienhäuser stellen eine Art Idealhaus dar für die neue intellektuelle Aristokratie. Man muß da nicht auf Modernität und technischen Komfort verzichten, man hat auch einen Sportwagen in der Garage und einen Computer im Haus, aber man hat trotzdem ein Haus mit soliden Mauern, in denen man Schutz findet. Der Erfolg dieser Architekten liegt darin, daß sie eine Antwort für das Einfamilienhaus gewagt haben, das nicht ein bürgerliches oder kleinbürgerliches Haus ist. In einem größeren Maßstab gebaut, könnten dies die Häuser von Millionären und Großindustriellen sein.

Wo bleibt da die Kontestation, das Aufbegehren gegen die Herrschenden und ihre Institutionen?

Gilardoni: Die Kontestation dieser Architekten gegen gewisse Institutionen, Machtverhältnisse und die Mentalität der Bourgeoisie war immer moralisch und allgemein, nicht extremistisch oder revolutionär. Es war und ist eine Kontestation, die die bürgerliche Gesellschaft und ihr System akzeptiert, aber innerhalb des Systems mehr Gerechtigkeit, eine »sauberere« bürgerliche Gesellschaft fordert. Das Ambiente hier ist zu stark, das Leben zu schön und zu komfortabel, als daß man es für die Gemeinschaft aufopfern würde. Was hier angeboten wird, sind keine Lösungen für das Kollektiv, wie zum Beispiel die Höfe im »Roten Wien«. Die Arbeiterklasse, für die diese Siedlung gebaut wurde, existiert in diesem Sinn auch gar nicht mehr, und darum existieren auch keine Projekte mehr für solche Lösungen. Und aus diesem Grunde ist diese neue tessiner Architektur auch keine revolutionäre Architektur.

Zweckbau bei Genestrerio: Ein Stil und seine Folgen

Literaturhinweise

Allgemein

Die Monatszeitschrift »Rivista Tecnica« (Grassico Pubblicità SA, Case postale 493, 6500 Bellinzona) hat die Arbeit der Tessiner Architekten über die Jahre hinweg dokumentierend und kritisch begleitet. 1980 erschien die Sondernummer »50 anni di architettura in Ticino 1930–1980«, herausgegeben von Peter Disch, die inzwischen nachgedruckt worden und die bisher umfassendste Publikation zum Thema geblieben ist. Andere erwähnenswerte Sondernummern dieser Zeitschrift: »La ricerca recente di Mario Botta, estratto N. 7/8/11 1984«; »La ricerca dell'ultimo decennio in Ticino«, N. 1, 2, 1985.

Ferner sei auf die von Virgilio Gilardoni herausgegebene Zeitschrift »Archivio Storico Ticinese« und ihre beiden Sondernummern über Tessiner Architektur hingewiesen: Virgilio Gilardoni – Tita Carloni »L'ideazione e le vicende del museo dell'arte e delle tradizioni popolari del Ticino«, 1967, sowie Virgilio Gilardoni »Gli spazi dell'uomo nell'architettura di Mario Botta«, 1985.

Vergleiche ferner:
»Tendenzen – Neuere Architektur im Tessin«, Dokumentation zur Ausstellung an der ETH-Zürich 1975 von Martin Steinmann und Thomas Boga (ETHZ Organisationsstelle, Bahnhofquai, Zürich).
»Väter und Söhne«: ›Aktuelles Bauen‹ Juli 1984, Sondernummer 10 Jahre

nach der Ausstellung »Neue Tendenzen im Tessin«. Vogt-Schild AG, Solo-
thurn.
Für dieses Buch benutzt wurden unter
anderem Heinrich Klotz: »Moderne
und Postmoderne – Architektur der
Gegenwart, 1960 bis 1980«, Braunschweig, Wiesbaden, 1985

Zu einzelnen Architekten:

Rino Tami
Fondazione Arturo e Margherita Lang:
»Rino Tami – 50 anni di architettura«,
Lugano 1984. Darin: Bibliographie.

Luigi Snozzi
Electa Editrice: »Luigi Snozzi – 1957–
1984«, Milano 1984. Darin ausführliche Bibliographie.

Mario Botta
A.D.A. EDITA: »Architect Mario Botta
– Introduction by Christian Norberg-
Schulz, text by Mirko Zardini, edited
and photographed by Yukio Futa-
gawa«, Tokio 1984. Darin ausführliche
Bibliographie.
Electa Editrice: »Mario Botta, architet-
tura 1960–1985«, herausgegeben von
Francesco Dal Co, Milano 1985. Darin
komplettes Werkverzeichnis und aus-
führlichste Bibliographie.

Fotonachweis

Ballo, Aldo
136

Beringer, L.
52 (rechts)

Borelli, A. und W.
53

Botta, Mario
43

Carrieri, Mario
131 (links)

Flammer, Alberto
30, 31, 34, 35, 93, 94, 173
(unten)

Heitmann, Adriano
9, 10, 14, 15, 23, 24, 26
(unten), 36 (unten), 37, 45,
46, 47, 71, 84 (oben), 91, 92,
100 (links), 101 (unten), 103
(oben), 105, 106, 109, 110,
112, 115, 116, 117, 118, 119,
125, 126, 128, 129 (oben),
130, 131 (rechts), 133, 137,
141 (unten), 172 (unten), 186

Hueber, Eduard
95 (links), 99, 100, 101
(oben)

Kinold, K.
172 (oben), 173 (oben)

Koehl, Peter
26, 28

Latis, Vito
47

Maurer, F.
32, 33

Monza, Carlo
165

Munzig, Horst
11, 12, 13

Pacciorini, Massimo
154

Pedroli, Ares
138

Pedroli, Paolo
76, 84 (unten), 115

Pelli, Maurizio
129 (unten)

Zanetta, Alo
141 (oben), 142, 143

Zanetti, Pia
175

Alle nicht eigens aufgeführten
Fotos wurden vom jeweiligen
Architekten zur Verfügung
gestellt.
Die Aufnahmen von Adriano
Heitmann wurden speziell für
dieses Buch gemacht.